발주자가 변하지 않고는 건설 산업의 미래는 없다

발주자가 변하지 않고는 건설산업의 미래는 없다

1판 1쇄 발행 2006년 10월 15일
1판 2쇄 발행 2007년 6월 5일
1판 3쇄 발행 2008년 5월 26일
1판 4쇄 인쇄 2009년 11월 1일
1판 4쇄 발행 2009년 11월 5일

지은이 | 김한수 · 한미파슨스
발행인 | 김병계
발행처 | 도서출판 보문당
등록 | 1990년 6월 15일 (제1-1066호)
주소 | 서울시 마포구 신수동 448-6 우)121-110
전화 | 704-7025 / 704-0635 FAX | 704-2324
홈페이지 | www.bomoondang.co.kr
전자우편 | bmdpub@naver.com

정가 **15,000원**

ISBN 978-89-8413-126-2

발주자가 변하지 않고는

건설 산업의 미래는 없다

김한수 · 한미파슨스 공저

普文堂

발주자가 변하지 않고는 건설산업의 미래는 없다

우리 건설산업은 해방 이후 비약적으로 성장하였다. 건설 물량으로는 따지면 세계 10위 수준이다. 건설회사나 설계, 엔지니어링 회사의 규모도 국제적인 수준에 비추어 전혀 손색이 없다. 발주되는 프로젝트 또한 대형화되어 조 단위가 넘어가는 프로젝트도 드물지 않고, 공공 발주자도 수천 명이 넘어가는 조직이 꽤나 있다. 양적인 측면에서 우리 건설산업은 그야말로 세계적인 수준에 접근하고 있다고 하겠다.

그러나 우리 건설산업의 질적 수준을 보면 양적인 측면과는 사뭇 다르다. 수년전 건설교통부 발표에 의하면 선진국과 비교했을 때 우리나라의 건설 기술력은 67%, 설계능력은 65%, 시공능력은 70%에 불과한 것으로 나타났다. 실로 엄청난 격차다. 이런 상태로 국제 경쟁력을 유지하기란 불가능하다. 그 결과는 해외 건설시장에서 이미 나타나고 있다. 산업설비(Plant)를 제외한 일반건축, 토목분야에 있어 우리 건설산업은 해외시장으로부터 거의 퇴출되는 단계에 들어섰다고 해도 과언이 아니다. 최근 5년간 순수 토목 · 건축분야의 해외건설 수주액이 연간 10억~20억불에 머물고 있다는 사실이 이를 입증한다. 일부 대형 건설업체들은 아예 해외수주를 기피하는 경향마저 보이고 있다.

이처럼 지금의 우리 건설산업의 모습은 암울하기 조차 하다. 이대로 가다가는 10년 또는 20년 후의 우리 건설산업의 미래가 어떤 모습일지에 대해서도 확신할 수 없다. 너무나 많은 부정적 요소들이 우리 건설산업을 옥죄며 짓누르고 있기 때문이다.

그렇다면 우리 건설산업이 총체적으로 경쟁력을 상실하게 된 가장 근본적인 이유는 무엇일까? 누구의 잘못일까? 몇 번을 반복해서 되물어 봐도 그 해답은 「비효율적인 건설관련 법과 제도」이다. 다시 말해 정부가 시장의 틀을 잘못 짰기 때문이다. 시장의 틀이 왜곡되어 있다는 것은 공정한 경쟁을 촉진할 수 있는 룰(Rule)이 없다는 것이고, 신의와 성실의 원칙이

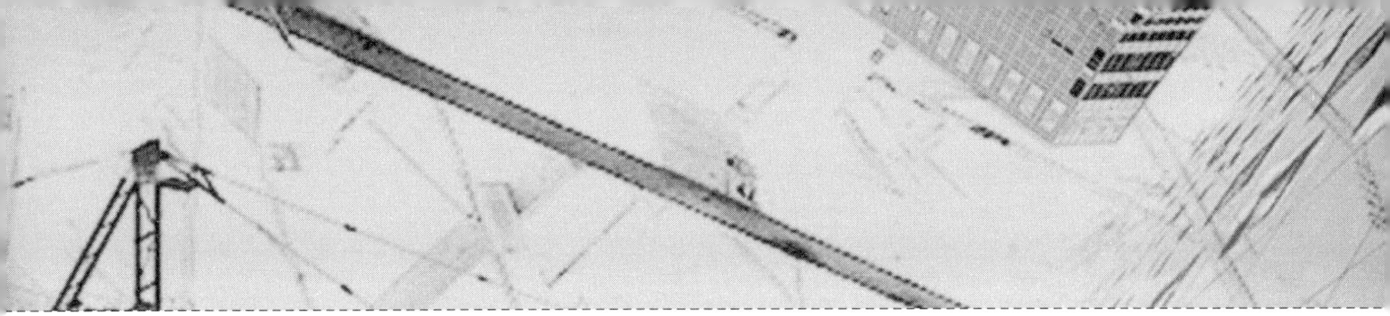

지켜지지 않음을 의미한다.

비틀거리고 있는 건설산업을 방치하다시피 하고 있는 우리나라와는 달리, 건설산업을 국가 경쟁력의 주요한 바로미터로 인식하고 있는 미국, 영국, 일본 등 선진국들은 대통령이나 수상이 중심이 되어 적극적인 건설산업 육성 정책을 펴 나가고 있다. 이들 국가들은 자국의 건설산업이 당면해 있는 현안과 문제점에 대한 정확한 인식을 토대로 범국가적 차원의 건설 산업 비전과 발전 전략을 수립하여 추진하고 있으며, 이미 상당한 가시적인 성과들을 거두고 있는 것으로 보고 되고 있다.

늦었지만, 우리도 이러한 세계적인 변화와 혁신의 물결에 동참해야만 한다. 우선 선진국들의 사례를 벤치마킹하여 우리가 안고 있는 문제점들의 내용과 심각성을 정확히 깨달아야 한다. 그리고선, 건설산업의 생존과 지속적인 경쟁력 확충을 도모할 수 있는 국가차원의 마스터플랜과 이를 체계적으로 이행하기 위한 세부전략들을 하루 속히 수립하고, 또 실천해 나가야 할 것이다. 여기서 특히 강조되어야 할 점은, 이런 모든 전략들은 반드시 국가경영전략의 한 부분이어야만 한다는 것이다. 그렇지 않을 경우 우리는 건설산업의 문제를 건설 분야에만 국한시켜 해결하려 하거나, 또는 '문제아' 만 탓하고 '문제아가 되도록 방치한 부모나 가정환경' 은 도외시하는 우를 범하게 될 것이기 때문이다.

또한, 전략 실행 과정에서는 '정부의 솔선수범과 리더십' 뿐만 아니라, '산 · 학 · 연의 철저한 자기반성' 이 필수 불가결한 요소로 대두될 것이다. 건설관련 주체 모두의 굳은 각오와 과감한 개혁 의지가 전제되지 않는 한 이러한 노력들도 결국 물거품에 그칠 수밖에 없음은 너무도 자명하다.

한미파슨스는 2001년부터 우리나라 건설산업의 선진화 방안에 대한 연구를 해오고 있다. 민간기업의 힘으로, 모든 이해관계를 배제한 객관적인 시각에서 우리 건설 산업의 각종 문제점들을 조사, 분석하고 그 결과를 정부 및 업계에 제시함으로써, 건설 산업의 변화와 혁신을 위한 단초를 제공하는 것에 주목적을 두고 있다.

한미파슨스의 연구 방향은 독특하다. 선진국의 건설 정책, 법제도, 혁신방법론을 벤치마킹하면 우리 건설 산업의 가야할 길이 투영되리라는 믿음으로 선진국들의 사례와 우리의 현실과 문제점을 비교하며 대안을 강구하는 방식으로 진행된다. 즉, 선진국이라는 거울에 우리 모습을 비추어보는 것이다.

연구 수행 방법 또한 특이하여, 주관 연구자가 특정주제에 대하여 연구를 진행하되, 약 10여명의 연구진 및 자문단이 매달 연구 결과를 검토하고 조언하고 분석하며, 필요시에는 별도의 Workshop을 가지는 과정을 되풀이하고 있다.

한미파슨스는 이러한 연구 결과들을 모아 2002년부터 건설산업 선진화에 관한 5권의 책을 발간해 오고 있다. 「미국 건설산업 왜 강한가?」「영국 건설산업의 혁신전략과 성공사례」「한국 건설산업의 대해부」「미국의 설계경쟁력 어디서 오나?」「코리안 스탠다드에서 글로벌 스탠다드로」 등이 그것이다.

이번에 발간되는 「발주자가 변하지 않고는 건설산업의 미래는 없다」는 한미파슨스가 발간하는 9번째 책이며, 건설산업 선진화 연구에 관련된 책으로는 6번째 책으로 최근의 영국 건설산업 혁신사례를 벤치마킹한 연구결과를 정리한 것이다. 국내 최초로 건설산업의 각종 문제점과 발주자가 안고 있는 문제점과의 연관성을 파헤침으로써, 우리 건설산업의 비효율이 정부나 공공발주자의 리더십과 퍼포먼스 능력 부족에 상당 부분 기인하고 있다는 사실을 지적하고자 했다.

영국의 공공발주자들은 「건설산업의 부정적인 행태는 발주자의 부정적인 행태의 거울이다」라는 경구를 자기반성과 혁신을 위한 구호로 삼고 있다. 그 동안 우리 정부도 여러 차례에 걸쳐 건설산업 발전 방안을 수립해 왔지만, 대부분의 경우 '건설업계' 만을 혁신의 대상으로 삼았을 뿐, 정부 조직이나 공공 발주자는 대상에서 제외되어 왔었다.

건설산업의 특성상 정부나 공공발주자는 '시장의 리더' 이자, '게임의 법칙을 제정, 운영하는 당사자' 로서 막강한 영향력을 지니고 있을 뿐만 아니라, 민간부문을 선도하고 나아갈 방향을 제시하는 역할을 수행한다. 이러한 이유에서 건설업계만을 문제시해 온 기존의 정책 패

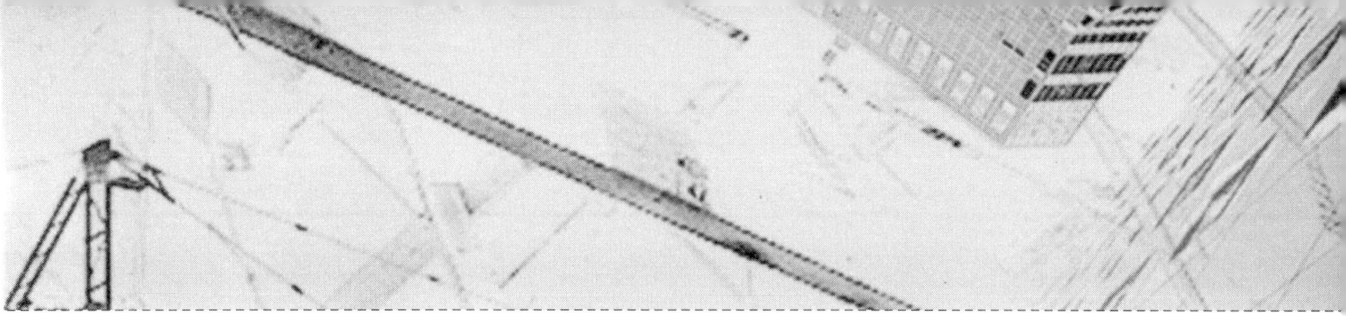

러다임은 정부나 공공발주자가 가지고 있는 기능과 역할의 혁신에 초점을 맞추는 방향으로 시급히 수정되어야만 한다.

환경이나 여건이 다르다고 해서 영국의 Best Practice를 국내에 적용하기 어려울 것이라고 미리 부정적인 결론을 내리는 것은 성급하며 바람직하지 않다. 그 보다는 먼저 발주자 스스로 역량을 향상시키려는 노력이 소홀했던 점을 반성하고 지금부터라도 똑똑한 일류 발주자가 일류 건설산업을 일구어 낼 수 있다는 믿음을 가져야 한다. 또한, 이 책의 내용들을 참조하여 건설 관련법과 발주제도 등을 획기적으로 개편하여 글로벌 스탠다드화 시켜 나가야만 된다.

이 책은 공공발주자 사례를 중심으로 기술되었으나, 민간 발주자에게도 같이 적용될 수 있다. 오히려 법과 제도의 영향을 적게 받는 민간발주자가 프로젝트를 주관하는데 있어 곧바로 도움을 얻을 수 있는 지침서가 되리라 확신한다.

끝으로, 연구를 주관해주신 김한수 교수님과 자문을 맡아주신 김예상, 김정호, 신동우, 이현수, 홍준형 교수님, 그리고 건설산업연구원의 이복남, 이상호, 김정현 위원님께 깊이 감사드린다.

2006년 9월

한미파슨스 사장 **김 종 훈**

우리 건설산업의 혁신을 위한 출발점과 동력은 무엇인가? 이 책의 집필을 시작하게 된 고민이자 모티브였다. 이런 고민과 모티브가 어느 날 갑자기 생긴 것은 아니다. 2000년대 초반, 우연한 기회에 한 기업의 지원으로 당시 영국 건설산업에서 대대적으로 진행 중이었던 혁신운동을 벤치마킹할 수 있는 기회를 가지게 되었다. "건설을 다시 생각하자"라는 뜻을 가진 「Rethinking Construction」이라는 건설산업 혁신운동이었다. 이 벤치마킹 연구의 결과는 「건설산업의 효율성 및 생산성 향상 전략(세종대학교, 한미파슨스, 2002)」이라는 연구보고서로 발간되었다.

이 연구보고서는 약간의 손질 과정을 거쳐 「영국 건설산업의 혁신전략과 성공사례(김한수, 한미파슨스, 보성각, 2003년)」라는 서적으로 재탄생되었다.

그 이후, 하나의 궁금증이 더해졌다. 건설산업의 혁신은 어디서 어떻게 출발하고 진행되는 것이며 건설산업의 혁신에 누가 가장 영향력을 행사할 수 있는가 하는 것이었다. 결국 이 책을 집필하게 된 고민과 모티브에 도달하게 된 것이다.

뒤돌아보면 결국 이 책은 지난 6년 간 지속된 고민과 노력의 흔적이라고 할 수 있다. 이런 지속성은 한국 건설산업의 미래와 혁신을 함께 고민해주고 집필을 물심양면으로 지원해준 지인(知人)과 기업이 있었기에 가능한 것이었다. 이들은 모두 한국 건설산업에 대한 위기의식을 공유하고 있었기에 공통된 고민을 나누는 공동체를 구성할 수 있었다.

현재 우리 건설산업이 위기 상황에 처해 있는가? 굳이 현란한 통계 숫자나 현학적인 논의를 동원할 필요도 없다. 위기는 이미 체감(體感)되고 있기 때문이다.

현재 건설산업에 종사하는 사람들의 사기(士氣)는 어떠한가? 승전군의 사기인가? 아니면 패잔병의 사기인가?

한국 건설산업의 위기에 대해 정말 심각해야 걱정해야 할 것은 따로 있다. 건설산업에 대한 민심(民心)이 떠나고 있다는 것이다.

건설산업의 위기 상황이 해결되지 않는다면 과연 어떤 일이 벌어질 것인가?

신뢰를 실추한 산업의 주장은 비록 그 내용이 진실하고 정당할지라도 '자기 배불리기'로

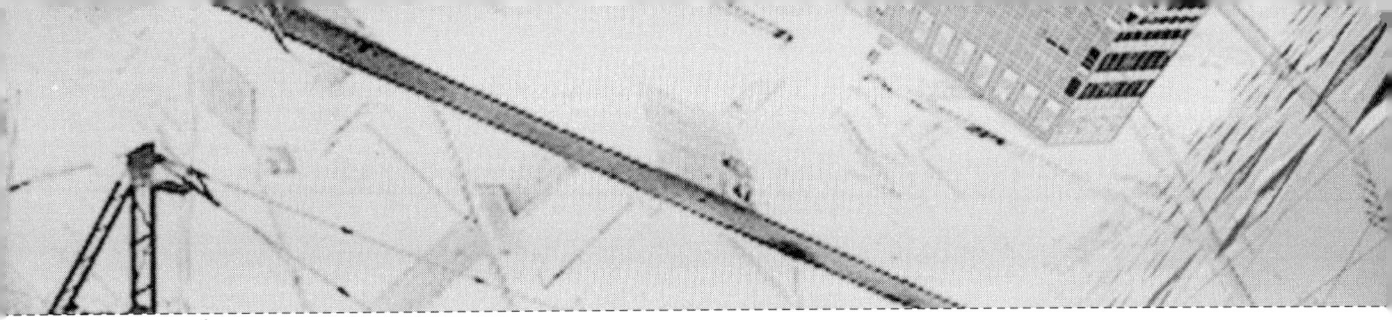

평가절하 되어 인식될 뿐이다. 정당한 이윤조차도 '폭리(暴利)'로 치부될 것이다.

이런 산업에 대한 정책과 제도는 어떤 모습일까? 분명 네거티브 거버넌스(negative governance)가 강화될 것이다. 이런 산업에서 누가 일을 하고 싶어 하겠는가? 유능한 인재를 무엇으로 유인(誘引)할 것이며 이미 종사하고 있는 유능한 인재의 이탈(離脫)을 무엇으로 막을 수 있겠는가?

건설산업의 붕괴를 어떤 모습으로 상상하는가? 일류 기업은 멸종되어 '화석과 전설' 속에서만 남아있고 이류 · 삼류 기업들만이 활개치는 것이 붕괴된 건설산업의 모습이다. 건설산업에 대한 고객의 신뢰는 더욱 추락하고 건설산업과 건설기술자에 대한 인식과 대우는 더욱 나빠지는 악순환의 골이 깊어 질것이다. 건설산업의 붕괴를 단순히 건설산업계만의 문제라고 생각한다면 큰 착각이다. '쓰나미(Tsunami)'는 거기서 멈추지 않는다. 결국 건설고객(발주자), 일반 국민 그리고 국가 경제에까지 부정적인 영향을 끼친다는 것을 간과하지 말아야 한다.

'문제아'를 올바르게 변화시키기 위해서는 '부모'와 '가정환경'이 먼저 올바로 서야 한다. 우리 건설산업의 수준에 문제가 있다면 건설고객의 수준에 문제가 있다는 증거이다. 우리 건설산업이 지금 많이 아프다고 생각되는가? 발주자는 더 많이 아프다는 것을 직시해야 한다. 건설산업의 눈높이는 건설고객의 눈높이에 맞추어지기 때문이다.

건설산업 혁신의 출발점을 어디에서 찾을 것인가? 만일 건설산업 혁신의 출발점과 대상이 건설산업계라고 인식하고 있다면 이 책을 통해 패러다임의 전환을 맛보기 바란다.

이 책에서는 영국 건설산업의 혁신 성공사례에 주목하고 있다. '다행히' 그들의 건설산업도 우리와 비슷한 문제를 가지고 있었다. 그러나 그들은 지금 혁신의 과정을 통해 변화하고 있고 열매를 맺고 있다. 어떤 혁신의 해법이 작동되고 있는 것일까? 건설산업 혁신의 리더십은 무엇이고 누구에게서 나오는 것일까?

건설산업 혁신의 출발점은 발주자이다. 발주자의 리더십이 혁신 동력이며 일류 발주자와 일류 조달시스템이 혁신의 동력을 공급하는 엔진이다. 이 책에서는 일류 발주자와 일류 조달시스템을 위한 십계명을 제안하고 있다. 이 책에서 제안하고 있는 십계명을 감히 '정답'이라고 주장하지는 않는다. 그러나 혁신을 위한 실마리 정도는 될 것이다.

이 책을 집필하면서 두 가지 생각이 교차된다. 하나는 희망이다. 혁신의 출발점과 동력의 희미하나마 모양새를 발견할 수 있었고 혁신의 열매는 맺어질 수 있다는 확신을 가질 수 있었기 때문이다. 또 다른 감정은 걱정이다. 과연 험난한 혁신의 파도를 감당하고 넘을 수 있을 것인가? 혁신의 고급 해법을 준비하고 소화해낼 수 있겠는가? 보다 근본적으로는 혁신의 절박성과 혁신의 출발점이 발주자라는 공감대를 일으킬 수 있겠는가? 필자의 지적 교만과 기우(杞憂)이기를 바라는 마음 간절하다.

이제 일류 발주자, 일류 조달시스템을 꿈꾸자. 리더십을 갖춘 발주자가 건설산업계를 올바른 방향으로 인도해 주기를 꿈꾸자. 이 꿈을 포기하지 않는 한 일류 건설산업을 향한 꿈도 포기하지 말자.

일류 산업의 배경에는 일류 고객이 있다. 이 책은 일류 건설고객의 건설산업 혁신이야기를 들려주고 있다.

2006년 9월

세종대학교 교수 **김 한 수**

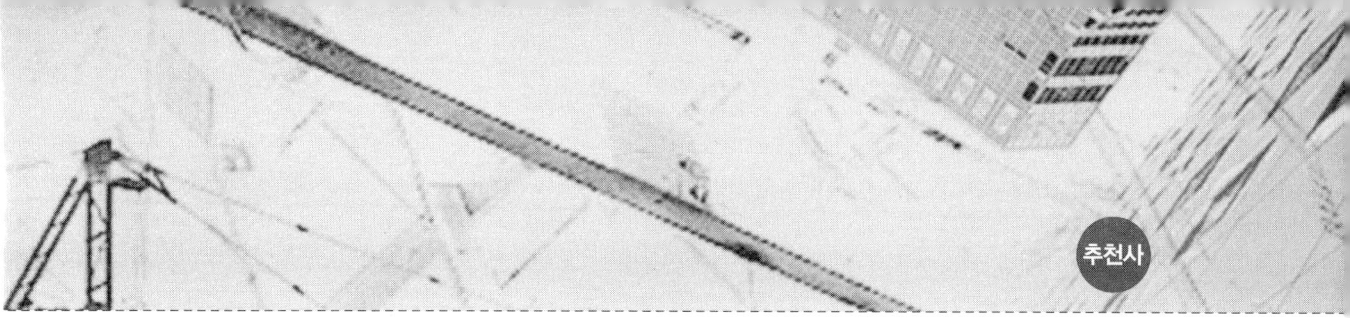

건설산업의 혁신에 대한 요구가 점점 높아지고 있다

국내 건설물량은 축소되고 있으며, 플랜트 부분을 제외한 해외 건설은 제자리 걸음을 하고 있다. 낙후된 산업의 이미지로 신규 기술인력의 유입은 기대하기 어렵게 되었으며, 기능인력은 제 3국에 의지해야 하는 실정이다. 산업에 팽배한 이러한 위기감이 혁신에 대한 요구로 이어지고 있는 것이다.

다행히 산업의 중요성을 재인식하고, 위기를 극복하기 위한 혁신의 필요성이 대두되면서 오피니언 그룹을 중심으로 새로운 도약의 길을 찾고자 하는 움직임이 일어나고 있음은 매우 고무적인 일이다. 「건설산업비전포럼」은 범산업 · 범학제간의 전문가들이 모여 우리나라 건설산업이 당면하고 있는 문제점을 분석하여 국가 건설산업을 한 단계 성숙시키기 위한 미래 비전과 혁신전략을 제공하고자 노력하고 있다. 이 책은 이러한 노력의 일환으로 추진된 연구 결과를 기반으로 발간되는 포럼의 6번째 총서이다.

이 책은 정부와 발주자가 혁신의 주체가 되어야 한다고 주장하고 있다. 우리는 지금까지 건설산업의 경쟁력 저하, 후진적인 산업구조, 이미지 추락에 대한 책임을 업계에 돌려왔으며, 그에 따른 혁신의 대상도 업계라고 주장해 왔다. 또한 정부와 발주자는 업계의 혁신을 위한 대책을 수없이 발표했다. 하지만 산업의 혁신은 요원한 실정이다. 이 책에서는 그 원인을 또 다시 업계에서 찾을 것이 아니라 혁신에 성공하고 있는 영국, 미국과 같이 발주자 즉, 정부에서 찾아야 한다고 제시하고 있다. 정부와 발주자는 힘이 있다. 발주자는 자금의 집행자이며, 의사결정자이다. 발주자는 건설산업계가 준수하고 플레이(play)해야 하는 '게임의 법칙' 을 결정하고 운영하는 주체이다. 만일 게임의 법칙이 합리적이고 그 운영이 공정하다면 플레이어들은 최선을 다해 페어플레이를 위해 노력할 것이다. 반면 페어플레이를 하는 것이 오히려 게임에서 지는 결과를 초래한다면 게임에서 이기기 위한 편법을 동원할 수밖에 없다.

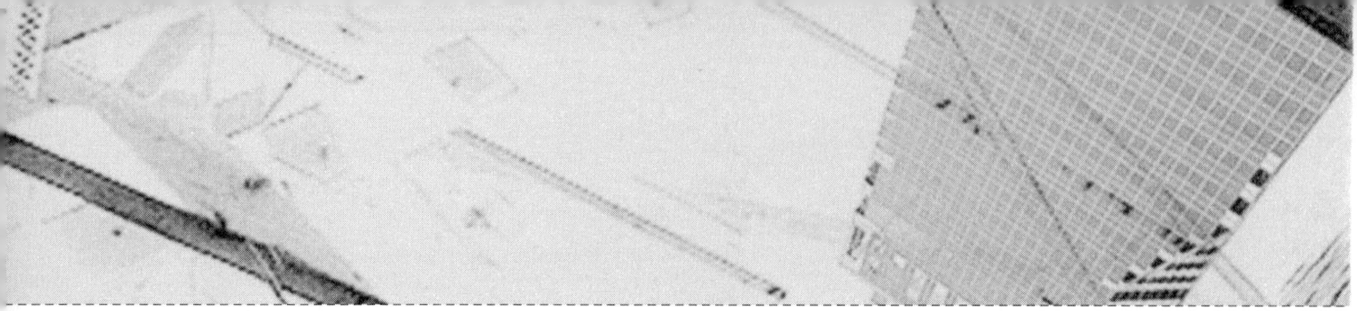

따라서 이 책에서는 발주자가 공정하고, 효율적인 룰(rule)을 제정하고 집행할 것을 요구하고 있다. 건설산업이 처한 위기의 원인이 발주자가 정한 그릇된 룰(rule)에 있기 때문에 이를 혁신할 주체도 발주자라고 주장하고 있다. 다시 말해, 과거 패러다임의 전환을 요구하고 있으며, 패러다임의 전환이 건설산업을 혁신을 달성할 수 있는 최선의 방안임을 제시하고 있다. 이와 함께 건설산업계의 동참 또한 요구하고 있다. 즉, 예전처럼 산업계에게 변화를 먼저 요구하는 것이 아니라 발주자가 먼저 변화할 테니 그 변화에 맞추어 일을 해달라고 요구하는 새로운 건설산업 혁신의 패러다임을 제안하고 있다. 발주자의 혁신으로 산업계가 고달프게 되더라도 혁신을 위한 산업계의 적극적인 참여만이 성공의 전제임을 주장하고 있는 것이다.

1990년대 중반 이후 미국, 영국, 싱가포르, 호주, 일본 등 주요 선진국의 건설산업에서는 우리가 주목할 만한 혁신운동이 전개되고 있다. 주요 선진국의 건설산업에서 추진되고 있는 혁신운동의 공통적인 배경은 현(現) 건설산업의 위상과 생존에 대한 위기의식이다. 타(他) 산업과 비교하여 건설산업이 비효율적이며 낙후되어 있다는 위기의식이 팽배해 있는 우리의 현실을 감안한다면 혁신에 성공하고 있는 선진국의 사례들은 한국 건설산업의 발전을 위한 단초를 제공하기에 충분하다고 판단된다.이 책이 국내외적으로 예견되는 급격한 변화에 대비하고, 건설산업이 국가와 국민경제에 기여하는 산업으로 재도약하기 위한 국가 건설산업 혁신의 밑거름이 되기를 기원한다.

2006년 9월

건설산업비전포럼 공동대표 **김 건 호 · 이 건 영**

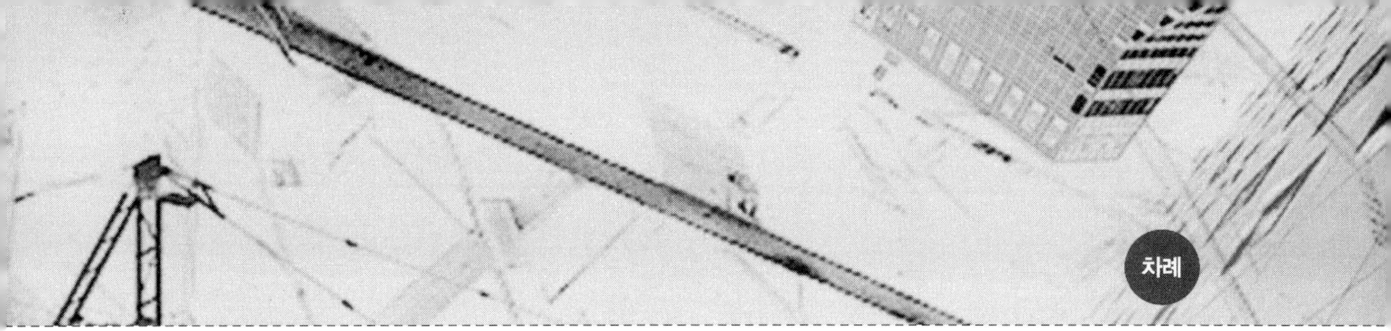

차례

차례

3장 일류 건설을 향하여

4장 21세기형 조달혁신 프로그램

5장 일류 발주자, 일류 조달시스템을 향하여

제 1 장

발주자가 변해야 건설산업이 변한다

01 왜 한국 건설산업이 변해야 하는가?

02 혁신의 대상과 범위는?

03 건설고객, 그들의 영향력은 막대하다

04 공공 건설부문의 혁신이 왜 필요한 것인가?

05 왜 영국 사례인가?

06 일류 발주자, 일류 조달시스템이란 무엇을 의미하는가?

07 무엇에 주목해야 하는가?

01 왜 한국 건설산업이 변해야 하는가?

※ 현재 위기 상황인가?

변화의 당위성을 어필하기 가장 좋은 방법은 위기 상황과 결과를 짚어보는 '충격요법' 일 것 같다. 누가 보아도 중병(重病)에 걸린 사람이 아픈지를 깨닫지 못하고 있거나, 알고 있더라도 치료 의지가 없다면 방법은 딱 하나뿐이나. 현재 얼마나 심각하게 앓고 있는지 또 치료를 거부하면 어떤 불행한 일이 닥치게 될지를 상기 시키는 수밖에.

한국 건설산업이 처해있는 위기 상황에 대한 화두(話頭)를 꺼내기가 쉽지 않다. 위기의 징후를 찾을 수가 없어서가 아니다. 너무나 많은 사람이 한국 건설산업이 처한 위기에 대해 이미 너무도 많은 이야기를 했기 때문에 별로 '신선하게' 보탤만한 것이 없기 때문이다.

그래도 몇 가지만 짚어보자.

한국 건설산업이 처한 위기 상황을 진단하기 위해 굳이 현란한 통계 숫자나 현학적인 논의를 동원할 필요도 없다. 위기는 이미 체감(體感)되고 있기 때문이다. 한국 건설산업에 대해 진지하게 아니면 잡담거리로라도 대화를 나누어본 경험이 있다면 대부분 어떤 분위기로 대화가 끝났는지 한번 기억을 더듬어 보자.

건설산업의 미래에 대한 꿈과 희망을 가득안고 대화가 끝이 났는지, 아니면 답답함과 탄식으로 대화의 끝을 맺었는지.

현재 건설산업에 종사하는 사람들의 사기(士氣)는 어떠한가? 승전군의 사기인가? 아니면 패잔병의 사기인가? 승전군의 사기는 아니라고 생각해도 오판은 아닐 것 같다. 그렇다면 건설산업의 위기에 대한 체감도는 이미 상당히 높은 것이다.

IMF 이후 지난 3~4년간을 뒤돌아보면 건설산업은 부동산 시장의 호황으로 고도성장을 누려왔다. 이런 상황에서 건설산업의 위기를 논하는 것이 '분위기 파악 못하는' 행동으로 비쳐질 수도 있을 것 같다. 그러나 양적인 측면에서 한국 건설산업이 성장한 것을 빼놓고는 국제경쟁력, 건설기술 수준, 건설제도와 관행의 수준 등 질적인 측면에서 이전보다 나아진 것이 없다.[1] 이것 역시 한국 건설산업이 처한 위기 상황의 단면이다. 질이 뒷받침 되지 않는 거대산업, 외형은 크지만 근본(fundamentals)이 취약한 산업에 과연 지속성장성이 있을까? 그나마 잠시 누렸던 양적 성장의 기쁨도 공공 건설예산 긴축과 부동산 거품론 등으로 인해 이제 접어야 할지도 모르는 상황에 처해있다.

해외건설 상황은 어떠한가? 플랜트 분야를 제외하고는 거의 퇴출 단계까지 이르렀다고 표현해도 과언이 아닐 것 같다. 최근 국내 시장의 한계를 극복하기 위한 탈출구로 해외에 진출하기 위한 분위기가 일어나고 있는 것이 그나마 다행이다. 그다지 쉽지만은 않을 것 같다. 과거 해외건설 시장에서 팔았던 상품과 기술로는 이제 명함도 내밀지 못하게 되었으니 말이다. 경쟁력 있는 상품과 기술 그리고 '코리안 스탠더드'로 일하던 체질을 '글로벌 스탠더드' 체질로 바꿔야 하는 등 숙제가 산적해 있다.

한국 건설산업의 위기에 대해 정말 심각하게 걱정해야 할 것은 따로 있다. 건설산업에 대한 민심(民心)이 떠나고 있다는 것이다. 건설산업을 바라보는 시각이 그다지 곱지 않다. 건설산업을 효율적이고 생산적인 산업으로 인식하는 것 같지 않다. TV 드라마 속에서 조차도 건설기업은 탐욕적이고 비윤리적인 모습으로 암시되거나 묘사되는 것을 쉽게 발견 할 수 있다. 건설산업의 가치와 순기능에 대한 올바른 인식보다는 부정적인 인식이 지배적인 것이 현실이다.

위기 체감도, 질적 수준 취약, 국제 경쟁력 상실, 민심 이반(離反) 측면에서만 보아도 현재 우리 건설산업이 위기 상황에 처해있다는 징후는 이미 충분하지 않은가?

1) 이상호, 한미파슨스(2003) 한국 건설산업 대해부, 보성각.

※ 위기 상황이 해결되지 않는다면, 그 결과는?

건설산업의 위기 상황이 해결되지 않는다면 과연 어떤 일이 벌어질 것인가? 이런 시나리오를 상상하기도 싫고 입에 담기도 싫지만 피해 갈수 없는 논의이다.

민심이 이반(離反)된 산업의 모습은 어떠할까? 산업이 고객과 시장으로부터 유리(遊離)되어서는 생존 · 발전 할 수 없다. 고객과 시장으로부터 올바른 평가를 받지 못한다면 정당한 대접을 기대 할 수 없기 때문이다. 건설산업이 국민의 삶의 질을 향상시키고 국가 경제에 기여하기 때문에 정당한 대우를 받아야 하고 지속적으로 건설시장을 확대시켜야 한다고 우리끼리 아무리 주장해봐야 되돌아오는 반응은 싸늘할 뿐이다.

신뢰를 실추한 산업의 주장은 비록 그 내용이 진실하고 정당할지라도 '자기 배불리기' 로 평가절하 되어 인식될 뿐이다. 결과는 뻔하다. 정당한 사회적 대접과 정당한 일의 대가를 기대하기 어려울 것이다. 정당한 이윤조차도 '폭리(暴利)' 로 치부될 것이다.

질적 성장이 없다면 고객으로부터 버림 받는 것은 순식간의 일이 된다. 고객은 비효율적인 산업으로부터 제대로 된 상품과 서비스를 공급 받을 수 없다. 고객은 불필요한 비용을 낭비하게 되며 '바가지' 를 썼다는 찜찜한 기분을 버리지 못할 것이다. '내 돈을 낭비하게 만드는 산업', '바가지를 씌우는 산업' 에 대해 고객이 얼마나 인내 할 수 있겠는가? 고객의 인내심을 시험하는 산업, 그런 산업은 사랑 받을 수도 성장 · 발전할 수도 없다.

양적으로만 성장한다고 건설산업이 살아날 수 있겠는가? 단지 건설시장 물량만 늘린다고 건설산업이 발전하겠는가? 건설산업 발전의 단서를 아직도 물량 확대에서만 찾고 있는 사람들에게 경종(警鐘)을 울리고 싶다. 안타까운 심정을 이해 못하는 것은 아니다. 그러나 아무리 시장이 커져도 고객은 뒷전에 두고 고만 고만한 기업들끼리 이전투구(泥田鬪狗)를 벌이거나 서로 나누어 먹도록 시장을 '조작' 하는 '그들만의 리그' 를 벌인다면 고객의 엄중한 심판이 반드시 뒤따를 것이다.

그렇다면 이런 산업에 대한 정책과 제도는 어떤 모습일까? 분명 네거티브 거버넌스(negative governance)가 강화될 것이다. '진흥과 인센티브' 보다는 '통제와 처벌' 이 건설정책과 제도의 기조가 될 것이다. '모범생' 에게는 칭찬과 상이 주어지고 '문제아' 에게는 비난과 처벌이 따르는 것이 당연한 수순(手順)이 아니겠는가?

이런 산업에서 누가 일을 하고 싶어 하겠는가? 사기충천 하여 일을 제대로 소신껏 할 수 있겠는가? 기술자를 기술자로 정당하게 대우하지 않고 경력이 쌓일수록 전과(前科)만 쌓인다면 말이다. 인구 감소가 갈수록 심각한 사회문제로 대두되는 상황에서 유능한 인재를 무엇으로 유인(誘引)할 것이며 이미 종사하고 있는 유능한 인재의 이탈(離脫)을 무엇으로 막을 수 있겠는가?

상상하기도 싫지만 만일 이런 일들이 실제로 일어난다면 한국 건설산업은 붕괴되는 결과를 맞게 될 것이다. 건설산업의 붕괴를 어떤 모습으로 상상하는가? 건설산업과 건설기업이 멸종된 모습을 상상하는가?

절대로 그렇지는 않을 것이다. 건설수요가 사라지지 않는 한 인류 역사와 함께 해온 건설산업이 사라지는 일은 절대로 벌어지지 않을 것이다. 다만 일류 기업은 멸종되어 '화석과 전설' 속에서만 남아있고 이류 · 삼류 기업들만이 활개 치는 건설산업이 될 것이다. 건설산업에 대한 고객의 신뢰는 더욱 추락하고 건설산업과 건설기술자에 대한 인식과 대우는 더욱 나빠지는 악순환의 골이 깊어 질것이다. 이것이 붕괴된 건설산업의 모습이다.

건설산업의 붕괴를 단순히 건설산업계만의 문제라고 생각한다면 큰 착각이다. '쓰나미(Tsunami)'는 거기서 멈추지 않는다. 결국 건설고객(발주자), 일반 국민 그리고 국가 경제에까지 부정적인 영향을 끼친다는 것을 간과하지 말아야 한다.

국민의 삶의 질 향상을 위한 도시 · 건축 환경은 누가 제대로 조성할 것이며 국가 경쟁력 향상을 위한 물류기반은 누가 제대로 제공할 것인가? 이류 · 삼류 기업으로부터 고품질의 상품과 서비스를 기대할 수 있겠는가?

또한 건설고객(발주자)의 비효율적인 지출과 낭비는 계속될 것이다. 건설고객이 자기 돈을 낭비하지 않기 위해서라도 건설산업이 변하라고 반드시 요구해야 한다. '소박하게' 표현하자면 건설산업이 변해야 건설고객이 이득을 볼 수 있다는 것을 명심해야 한다.

만일 한국 건설산업이 붕괴되면 일류 용병(외국기업)을 데려와서 일을 시키면 될 것이 아니냐고 낭만적으로 생각하는 사람도 있을 것 같다. "귤이 회수(淮水)를 건너면 탱자가 된다"는 옛 금언(金言)을 상기 시켜주고 싶다. 현재 우리의 건설 환경, 인식, 시스템, 관행 밑에서는 외국 일류기업이 이류 · 삼류처럼 행동하는 것은 시간문제다.

이런 저런 각도에서 한국 건설산업의 위기 상황과 결과를 짚어보았으니 중병(重病)에 걸려 있고 치료가 필요하다는 문제의식과 공감대가 조금이나마 생겼기를 바랄뿐이다. 혁신은 문제에 대한 자각과 반성 그리고 공감대로부터 시작되기 때문이다.

02 혁신의 대상과 범위는?

✲ 혁신의 대상을 잘못 짚어왔다

건설산업의 혁신이 왜 필요한지를 설명했으니 아마도 1차 혁신 대상이 건설산업계라고 판단했을 것 같다. 잘못 짚은 것이다. 건설산업의 혁신을 위한 1차 혁신 대상은 건설고객 즉, 발주자이다.

건설산업 혁신의 초점을 건설산업계가 아닌 발주자에 두고 있는 것에 대해 의아하게 생각하는 사람이 꽤 많을 것 같다. 그간 '건설산업 혁신=건설산업계 혁신' 이라는 패러다임에 무척 익숙해져 있기 때문일 것이다.

한 가지 분명하게 해둘 것은 건설산업의 혁신을 위한 초점을 발주자에 두고 있다는 설정이 건설산업계가 혁신의 주체와 대상에서 제외된다는 것을 의미하는 것은 아니다. 또한 건설산업의 혁신을 위한 고민과 노력을 발주자만의 몫으로 떠넘기는 게으름이나 책임회피의 빌미를 제공하기 위한 것은 더더욱 아니다.

냉정히 돌아보면 우리 건설산업계는 현재 자성과 혁신에 대해 심각하게 고민해야 하는 시점에 와있다. 부정 · 부패, 부실, 불신, 비효율, 저생산성, 3D, 환경 파괴, 노가다 등 건설산업을 지칭하거나 연상할 때면 단골로 사용되는 부정적인 용어들을 짚어보면 건설산업계가 환골탈태해야 할 당위성은 분명히 있다.

저자 역시 건설산업에 애정을 가지고 있는 구성원의 한사람으로써 건설산업이 항상 부정적인 용어로 수식되는 '문제아' 로 인식되는 것을 원치 않는다. 그러나 일반 대중이나 대중매체, 정부와 발주자 심지어는 건설산업의 종사자에게조차 우리 건설산업의 모습이 '모범생' 으로 투영되고 있지 않은 것이 현실이다.

그간 많은 건설 관련 정책이나 제도가 이 '문제아' 를 어떻게 다스릴 것인가에 대한 고민의 표출이었다고 표현해도 과언은 아닐 것 같다. 각종 규제, 처벌, 방지대책 등의 기본적인 관점은 건설산업의 문제를 어떻게 바로 잡을 것인가 하는 것이고 두말할 필요도 없이 혁신의 단골 대상은 건설산업계였다. 즉, 건설산업계가 건설산업의 혁신을 위한 대상이었던 것이 기존의 패러다임(paradigm)이었다.

이제는 새로운 패러다임으로 전환 되어야 한다. 한 가정에 문제아가 있다면 그 배경에는 분명히 문제가 있는 부모와 가정환경이 있다는 것은 가정문제 전문가가 아니더라도 상식적으로 진단 할 수 있다. 문제가 있는 부모와 가정환경이 변화하지 않고 문제아의 잘못된 행동만을 규제하고 처벌하는 것은 불공평할 뿐만 아니라 초점도 잘못되었고 실효성도 없다.

건설산업을 수요자(발주자), 공급자(건설산업계), 생산 · 조달 시스템(정부)으로 이해할 때 공급자의 행태는 분명 수요자와 생산 · 조달 시스템의 행태에 의해 지배를 받게 된다. 이 책에서 조명하고 있는 영국 건설산업의 공공 혁신사례와 관련된 한 정부 보고서에 수록된 한 경구(警句)는 우리에게 많은 것을 시사하고 있다.

"건설산업계의 부정적인 행태는 발주자의 부정적인 행태의 거울이다"

이 책에서는 우리 건설산업의 혁신을 위한 단서를 건설산업계에서 찾는 것이 아니라 발주자에게서 찾고 있다. '문제아' 를 올바르게 변화시키기 위해서는 '부모' 와 '가정환경' 이 먼저 올바로 서야 한다. 결국 우리 건설산업의 혁신을 위한 대상과 초점은 건설산업계가 아니라 발주자라는 것이다. 우리 건설산업의 수준에 문제가 있다면 건설고객인 발주자의 수준에 문제가 있다는 증거이다.

✲ 왜 공공 발주자인가?

이 책에서는 건설산업의 혁신을 위한 단서를 건설고객에게서 찾고 있다. 특히 공공 발주자에 주목하고 있다. 여기에는 몇 가지 이유가 있다.

첫째, 공공 발주자가 건설시장의 거대 고객이기 때문이다. 점차 공공 발주자에 의한 시장 지배가 축소되고 있기는 하지만 아직까지는 건설시장 물량의 40%내외를 차지하는 거대 고객임에는 틀림이 없다. 그만큼 건설시장에 많은 영향력을 행사할 수 있는 주체이다.

> **공공 발주자의 의미**
>
> 이 책에서 지칭하는 공공 발주자란 단순히 공공 건설사업의 직접적인 시행주체가 되는 발주기관 또는 발주청만을 의미하는 것이 아니다. 정부도 광의적인 의미의 발주자로 간주하고 있다. 공공 건설사업의 경우, 발주기관은 정부가 정해놓은 정책과 제도의 테두리 안에서 사업을 운영해야 하기 때문에 정부도 광의적인 발주자라고 간주할 수 있는 것이다. 이때 정부라 함은 건설산업의 생산구조, 조달시스템 등과 관련된 정책 · 제도를 입안 · 집행하거나 공공 건설사업의 수행에 직간접적인 영향을 미치는 정부기관을 의미한다.

둘째, 공공 발주자는 민간 발주자와는 달리 공적 예산을 집행하는 주체이기 때문이다. 즉, 혁신의 '열매'가 단순히 발주자에게만 귀속되는 것이 아니라 국가경제에 공헌하는 결과를 가져오게 된다. 국민의 혈세(血稅)를 아낄 수 있기 때문이다.

셋째, 민간 발주자는 특성상 혁신을 규범적으로 적용하기가 용이하지 않고 공공 발주자에 비해 정체성이 모호하다. 반면 공공 발주자는 정책과 제도라는 공통된 기준(standards)하에서 건설사업을 운영하는 유사 정체성을 지니고 있다. 따라서 혁신의 목표 설정이나 대상 또는 추진의 측면에서 공공 발주자를 대상으로 하는 것이 실체성이 있다.

마지막으로 이 책에서는 영국 건설산업의 공공 발주자 및 조달시스템 혁신사례를 집중 조명하고 있다. 이 사례의 교훈과 시사점을 대비하여 우리 건설산업을 조명하기에는 공공 부문을 논의의 대상으로 하는 것이 적합하다.

따라서 이 책에서 사용하는 발주자라는 용어는 특별한 구분이 없다면 일단 공공 발주자를 의미하는 것으로 이해하면 될 것 같다. 또한 건설산업의 혁신을 위한 초점을 공공 발주자에 맞출 때 이는 단순히 발주기관 또는 시행청만을 대상으로 하는 것이 아니라는 것을 밝혀두고 싶다. 공공 발주자의 혁신은 정부의 건설 관련 정책과 제도의 혁신을 별개로 두고 논의될 수 없기 때문이다.

03 건설고객, 그들의 영향력은 막대하다

※ 왜 일류 고객인가?

우리나라에도 세계적으로 자랑할 만한 일류 산업들이 있다. 반도체, 휴대폰, 자동차, 조선 산업 등 세계 어디에 내어놓아도 「Made in Korea」를 자랑스럽게 만드는 산업들이다. 이들 일류 산업에는 건설산업에 없는 특별한 비결이 있는 것일까? 건설산업보다 더 월등하게 우수한 인재들이 모여 있기 때문인가? 아니면 건설산업보다 더 많은 자금을 연구개발(R&D)에 투자하고 있기 때문인가?

그렇다면 건설산업에도 더 많은 인재를 유입하고 더 많은 자금을 연구개발(R&D)에 투입하면 건설산업도 일류 산업이 되는 것인가? 이것만으로는 그다지 설득력 있게 들리지 않는다.

일류 산업 뒤에는 일류 고객이 있다는 사실을 반드시 주목해야 한다. 우리 일상생활과 밀접한 관계가 있는 휴대폰 산업을 한번 살펴보자. 그동안 눈부시게 발전해온 휴대폰 기술과 상품 뒤에는 까다롭고 눈높이가 높은 고객의 힘이 혁신의 동력으로 자리 잡고 있다. 더 좋은 디자인, 더 좋은 기능, 더 좋은 서비스를 고객들은 끊임없이 요구하며 기업의 경쟁을 부추겨왔다. 휴대폰 시장에서 살아남기 위해 기업들은 고객의 눈높이를 외면할 수 없었다. 명품을 향한 피땀의 노력을 쏟아 부을 수밖에 없었다. 고객의 눈높이가 산업의 눈높이를 결정한 것이다. 건설산업도 이 법칙에서 자유로울 수 없다.

굳이 다른 산업을 기웃거리며 부러워할 필요가 없다. 우리 건설산업 안에도 까다롭고 눈높이가 높은 고객에 의한 명품이 있기 때문이다. 지금과 10년 전의 아파트를 한번 비교해 보자. 비교할 수 없을 만큼 고기능 · 고품질화 되어 있다. 웰빙, 친환경이라는 키워드를 빼놓고는 아파트 디자인과 시공은 생각조차 할 수 없게 되었다. 이제는 설계사와 건설사에 의해 일방적으로 결정된 공간에 대충 알아서 맞추어 사는 것이 아니라 고객 스스로 자신의 공간을 선택할 수 있는 가변형 아파트도 등장했다. 아파트 조경 공간은 공원 수준으로 업그레이드 되고 있다. 고객의 눈길을 끌기 위한 마케팅이라는 개념이 건설산업에 도입된 것도 아파트 상품을 통해서 이다. 고객의 목소리를 듣기 위한 다양한 노력도 빼놓을 수 없다.

산업은 필연적으로 고객의 '눈치'를 보게 되어 있다. 한 산업의 수준이 고객의 수준에 의해 결정되고 일류 고객이 일류 산업을 만드는 이유가 바로 여기에 있다. 산업 혁신의 동력은 고객이 제공하는 것이다.

건설산업의 혁신을 논하면서 그 초점을 발주자에 두는 이유를 보다 정교하게 논의하면 네 가지 관점으로 압축될 수 있다. 첫째, 발주자는 건설시장의 리더(leader)이기 때문이다. 둘째, 발주자는 힘이 있기 때문이다. 셋째, 건설사업 성공과 실패의 열쇠는 발주자가 쥐고 있기 때문이다. 넷째, 건설산업의 혁신을 통한 열매는 발주자의 몫이기 때문이다.

※ 행복한 건설산업 vs 불행한 건설산업

건설산업의 혁신을 위한 출발점이나 대상을 건설산업계가 아닌 발주자에 두고 있는 첫 번째 이유는 이들이 바로 건설산업의 혁신을 가능하게 할 수 있는 시장의 리더이기 때문이다. 발주자가 왜 건설산업의 혁신을 가능하게 하는 시장의 리더인지에 대한 논의는 잠시 뒤로 미루고 리더라는 단어의 용어적 의미에 대해서 잠시 음미해 보자.

리더라는 영어 단어는 '이끈다'는 의미의 「lead」라는 동사와 사람 또는 주체라는 의미의 「er」이라는 접미사가 합성된 용어이다. 결국 리더란 '이끄는 사람 또는 주체'를 의미하며 리더가 갖추어야할 덕목과 역량을 리더십(leadership)이라고 한다.

그런데 「lead」라는 단어의 의미를 보다 정확하게 정의하면 아무 방향으로나 이끈다는 뜻이 아니라 '올바른 방향으로 이끈다'라는 의미이다. 따라서 리더란 '올바른 방향으로 이끄는 사람 또는 주체'이며 리더십이란 '올바른 방향으로 이끌 수 있는 덕목과 역량'으로 정의된다.

반면 「lead」의 반대말은 「mislead」로서 이는 '잘못된 방향으로 이끈다' 는 의미이다. 이를 활용하여 미스리더(misleader)라는 조어(造語)를 하나 만들면 이는 '잘못된 방향으로 이끄는 사람이나 주체' 로 해석될 수 있다.

리더라는 존재가 한 국가, 사회, 산업, 기업, 조직의 흥망성쇠(興亡盛衰)에 막대한 영향을 끼친다는 것은 굳이 걸출한 위인, 정치가, 기업가, 스포츠 감독 등을 거명하지 않아도 이미 역사적으로 검증된 사실이다. 20세기 음악계 거장으로 베를린 필 오케스트라의 초대 지휘자였던 한스 폰 빌로를 이런 말은 남겼다.

"나쁜 오케스트라는 없다. 그저 나쁜 지휘자가 있을 뿐이다."

결국 발주자가 리더(leader)의 역할을 하는가, 아니면 미스리더(misleader)의 역할을 하는가에 따라 건설산업에 막대한 영향을 끼친다는 것을 의미한다.

지도자를 보스와 리더로 나누는 이분법도 흥미로우며 이들은 서로 매우 다른 특징을 지니고 있다고 한다.

표 1-1 리더와 보스의 차이점[2)]

보스의 특징	리더의 특징
사람들을 몰고 간다.	사람들을 이끌고 간다.
권위에 의존한다.	선의에 의존한다.
늘 회초리를 필요로 한다.	회초리를 필요로 하지 않는다.
'가라' 고 명령한다.	'가자' 라고 권한다.
등 뒤에서 일한다.	공개적으로 일한다.
남을 믿지 않는다.	남을 믿는다.
겁을 준다.	희망을 준다.
복종을 요구한다.	존경을 모은다.
권위를 잃을까 자기의 약점을 숨긴다. 두렵기 때문이다.	자기의 약점을 숨기지 않는다. 그럴 필요를 느끼지 않기 때문이다.
누가 잘못하고 있는가를 지적한다.	무엇이 잘못되어 있는가를 알려준다.
자기 말도 무시한다.	자기 말에 책임을 진다.
뒤에서 호령한다.	앞에서 이끈다.

2) 홍사중(1997) 리더와 보스, 사계절.

우리 건설산업계는 지금 리더형 발주자와 미스리더형 · 보스형 발주자 중 어떤 발주자를 '모시고' 일을 하고 있는가?

만일 우리 건설산업계가 비전과 선의의 거버넌스(governance)를 우선시 하는 발주자 밑에서 일을 하고 있다면 우리는 분명 리더형 발주자를 모시고 있는 것이다. 행복한 산업이다. 무한한 발전가능성을 지니고 있다. 일류 산업의 꿈을 꾸어도 좋을 듯하다.

만일 규제, 통제와 권위의 거버넌스(governance) 중심의 발주자 밑에서 일을 하고 있다면 우리는 분명 미스리더형 · 보스형 발주자 밑에서 일을 하고 있는 것이다. 불행한 산업이다. 정체되거나 퇴보할 수밖에 없다. 일류 산업을 향한 꿈은 접어야 할 것 같다.

※ 발주자는 건설시장의 리더이다

발주자는 건설시장의 리더인가?

고객은 왕이다. 과거 공급자 중심의 시장이 수요자 중심의 시장으로 재편되고 고객의 눈높이가 지속적으로 높아지는 상황에서 한 산업의 성패는 고객의 기대에 얼마만큼 잘 부응하는가에 달려있다. 이는 고객이 중요한 존재라는 것만을 의미하는 동시에 산업에 막대한 영향력을 끼칠 수 있는 주체라는 것을 시사한다. 이미 휴대폰이나 아파트 사례를 통해 설명한 바 있다.

산업은 고객의 눈높이나 기대수준에 맞추기 위해 매우 탄력적일 수밖에 없다. 이는 산업과 비즈니스의 가장 기본적인 생존원칙이다. 고객이 우로 가라고 하면 우로 가든지, 최소한 우로 가는 시늉이라도 한다. 고객이 좌로 가라고 하면 좌로 가든지, 최소한 좌로 가는 시늉이라도 한다. 고객이 수준 높은 것을 요구하면 그것을 제공하기 위해 고민하고 노력한다. 반면 고객의 눈높이가 그다지 높지 않아 무엇이 수준 높은 것인지도 모르거나 수준 낮은 것에도 만족하면 산업의 수준도 거기에 맞추어지게 된다.

결국 고객의 수준은 산업의 수준을 결정하며 수준 높은 고객이 수준 높은 산업을 창출시키는 것이다. 이는 고객이 자신이 지니고 있는 영향력을 통해 보다 수준 높고 올바른 것을 요구하는 것이 산업의 혁신과 진보에 매우 결정적인 역할을 한다는 것이다. 고객은 산업의 혁신과 진보를 유발시키고 이끌 수 있는 영향력을 가진 시장의 리더이기 때문이다.

같은 맥락에서 발주자가 높은 기대수준으로 올바른 것을 건설산업에 요구하면 건설산업은 이에 부응하기 위해 온갖 노력을 경주할 것이다. 반면 발주자가 무엇이 높은 수준인지 모르고 낮은 기대수준으로 무난한 것만을 요구한다면 건설산업은 게을러 질 수밖에 없고 진보나 혁신은 '해당사항 없음' 이 되어버린다.

요령과 잔머리 그리고 운(運)만 필요한 비즈니스라면 굳이 진땀 흘리며 개선이나 혁신이라는 가시밭길을 걸어갈 이유가 없다. 건설산업계가 올바르게 일할 수 있는 조건과 환경을 발주자가 만들어 주지 못한다면 건설산업계는 기술이나 핵심 역량의 개발보다는 편법 개발에 더욱 주력할 수밖에 없다.

건설기업의 사업 수주나 경쟁력이 기술과 핵심 역량을 통해서가 아니라 편법의 다양화를 통해서라면 그런 패러다임이 통용되는 산업이 어떠한 모습이 될지는 너무도 자명하다. 건설산업의 실패는 단순히 건설기업과 건설 종사자에게만 부정적인 영향을 끼치는 것이 아니라 발주자, 일반 국민 그리고 국가 경제에 부정적인 영향을 끼친다는 것을 다시 한 번 상기해야 한다.

발주자는 건설산업의 고객이라는 이유 하나만으로도 건설산업의 혁신을 유발시키고 이끌 수 있는 영향력을 지니고 있는 리더의 자리에 있는 것이다. 발주자의 긍정적인 또는 부정정인 영향력에 따라 발주자는 리더일수도 미스리더일수도 있고 건설산업의 수준도 거기에 맞추어 결정될 수밖에 없다.

그래서 발주자의 올바른 리더십이 중요한 것이며 발주자의 올바른 리더십이란 건설산업계에 수준 높은 것을 요구하며, 편법이 아니라 기술과 핵심 역량을 통해 비즈니스를 영위하는 것이 가능할 수 있는 올바른 방향으로 건설산업을 이끄는 것이다.

적당하고 무난한 것이 아니라 수준 높은 것을 까다롭고 제대로 요구하는 것. 이것이 발주자 리더십의 기본 속성이다. 이런 발주자가 되기 위해서는 두말할 나위 없이 자기 혁신이 전제되어야 한다.

✲ 발주자는 힘이 있다

발주자는 건설시장의 리더로서 힘이 있다. 어떤 힘을 가지고 있는지 한번 짚어보자.

1 자금 집행자

발주자는 돈을 쥐고 있는 전주(錢主)이다. 비즈니스 상황에서 돈은 힘이며 돈을 쥐고 있는 주체는 힘을 쥐고 있는 것이다. 건설산업계는 돈을 쥐고 있는 발주자에게 주목할 수밖에 없고 발주자의 영향력에 따라 좌우 될 수밖에 없다.

2 의사 결정자

건설시설물은 발주자를 위해서 지어지고 납품된다. 어떠한 건설사업물이 지어져야 하는지를 설명하고 결정하는 것, 그리고 최종적으로 발주자가 기대한 건설사업물이 완성되었는지를 승인하고 수용하는 것 모두 발주자의 몫이다. 발주자는 의사결정과 승인이라는 역할과 권한을 통해 건설산업계에 영향력을 발휘할 수 있는 주체이다.

3 전반전(前半戰) 운영자

건설사업을 시공이전단계와 시공단계로 구분한다면 각기 전반전과 후반전이라는 별칭으로 부를 수 있다. 건설사업의 조달방식에 따라 다소 차이는 있지만 대부분 발주자는 기획, 타당성, 설계 등 시공이전단계 즉 전반전을 주도하는 주체이다. 건설사업관리(project management)의 진리처럼 받아들여지고 있는 사실 중 하나는 건설사업의 성패는 전반전에 의해 지배된다는 것이다.

예를 들자면, 아무리 우수한 시공능력으로도 비효율적이고 잘못된 기획과 설계를 가지고는 좋은 사업성과를 내기는 불가능하다. 결국 건설사업의 후반전 보다는 전반전이 중요하다는 뜻이다. 결국 전반전의 운영자인 발주자는 건설사업의 성패에 많은 영향력을 끼치는 역할을 담당하는 주체이다. 프로젝트 성공 또는 실패의 씨앗은 전반전에 뿌려지며 발주자는 이 씨앗을 뿌리는 주체이다.

4 생산과정 참여자

건설산업이 제조업과 근본적으로 구분되는 특징 중 하나는 고객이 생산과정에 참여한다는 것이다. 우리가 휴대폰이나 자동차를 구입할 때 그 생산과정에 참여하지는 않는다. 이미 제조가 완료된 완성품을 놓고 취사선택의 과정을 통해 구입 여부만을 결정하면 된다. 고객이 생산과정에 직접적으로 참여하지 않는다는 것이다.

반면 건설사업의 경우, 발주자는 구상품(構想品), 미제품(未製品), 반제품(半製品), 완제품(完製品)의 생산과정에 참여하며 건설시설물의 내용(contents)과 시방(specifications)을 결정한다. 이러한 생산과정의 특징으로 인해 발주자의 역할과 역량에 따라 건설시설물의 수준이나 건설사업의 성패가 크게 좌우된다. 발주자는 건설생산과정에 참여하는 주체로서 특히 전반전을 운영하며 자금집행과 의사결정을 주관하기 때문에 그 영향력은 지대할 수밖에 없다.

5 게임의 법칙 제정 · 운영자

정부와 발주자는 건설산업계가 준수하고 플레이(play)해야 하는 '게임의 법칙'을 결정하고 운영하는 주체이다. 이 '게임의 법칙'은 거시적으로는 건설 정책과 제도이며 미시적으로는 조달 시스템, 사업관리 시스템 등이다. 거시적이건 미시적이건 건설산업의 플레이어(player)들은 이 법칙에 따라 게임을 할 수밖에 없다.

만일 게임의 법칙이 합리적이고 그 운영이 공정하다면 플레이어들은 최선을 다해 페어플레이를 위해 노력할 것이다. 반면 페어플레이를 하는 것이 오히려 게임에서 지는 결과를 초래한다면 '반칙왕'으로 둔갑할 수밖에 없다.

농구나 축구와 같은 운동경기를 관람하다 보면 종종 선수들이 흥분하여 거칠어지고 심한 경우는 폭력사태로까지 이어지는 경우를 볼 수 있다. 이 경우를 가만히 관찰해 보면 재미있는 특징을 발견할 수 있다. 단순히 상대편 선수가 자신을 거칠게 대하거나 파울을 하였다고 거칠어지는 것이 아니다. 경기를 운영하는 심판의 경험과 자질이 부족하여 시합을 매끄럽게 진행하지 못하거나, 필요한 시기에 적절하게 반칙을 잡아내지 못하거나, 경기를 상대편에 봐주기로 편파적으로 운영한다는 생각이 드는 순간부터 선수들은 거칠어지기 시작한다. 또한 만일 게임의 규칙 자체가 선수들을 거칠게 만들 수밖에 없도록 만들어져 있다면 그 게임은 태생적으로 거칠 수밖에 없다.

우리는 흔히 건설산업계가 거칠다고 비판한다. 물론 태생적으로 거칠고 페어플레이 정신이 결여된 건설기업이 없다고 부정하기는 어렵다. 그러나 건설산업 또는 건설사업의 게임의 법칙이 합리적이지 않거나, 발주자의 경험과 자질이 부족하여 건설사업을 매끄럽게 운영하지 못하거나, 발주자가 공정하게 사업을 운영하지 않아 건설산업계가 거칠어지는 것은 아닌지 짚어볼 필요가 있다.

정부와 발주자는 건설산업계가 준수하고 플레이해야 하는 '게임의 법칙'의 결정과 운영을 통해 건설산업계에 긍정적인 또는 부정적인 영향력을 행사할 수 있는 주체이다.

발주자는 힘이 있는 존재라는 것을 다각도로 살펴보았다. 건설시장의 리더로서 막대한 영향력을 발휘할 수 있는 주체라는 것이다. 혁신은 영향력이 있는 사람이 주도해야 실현 가능해진다. 건설산업의 혁신 동력은 발주자가 제공하는 것이다. 건설산업의 혁신을 위한 대상과 논의를 건설산업계가 아닌 발주자에 초점을 두고 있는 이유가 여기에 있는 것이다.

✲ 건설사업 성공과 실패의 열쇠는 발주자가 쥐고 있다

성공하는 기업 · 개인과 실패하는 기업 · 개인의 차이는 습관의 차이라고 한다. 성공의 습관을 반복하면 성공하고, 실패의 습관을 반복하면 실패한다는 것이다. 요즈음 성공한 기업, CEO, 위인들의 이야기가 봇물처럼 발간되고 있는 것을 보면 성공담이 많은 사람들의 관심사임에는 틀림이 없는 것 같다. 대표적인 성공담을 몇 권 읽어보면 거기에는 반드시 공통적인 성공의 습관이 있다는 것을 어렵지 않게 발견할 수 있다.

성공하는 건설사업에는 반드시 공통적인 습관이 있다. 반대로 실패하는 건설사업에도 반드시 공통적인 습관이 있다. 그런데 이들 성공의 습관과 실패의 습관을 가만히 살펴보면 그 원인 제공자가 발주자라는 것을 쉽게 발견 할 수 있다.

1998년 미국 한 공공기관의 조사에서[3] 건설사업이 실패하는 공통적인 습관을 발굴한 적이 있다. 그 중 대표적인 몇 가지 예를 살펴보자.

- 비현실적이나 불명확한 사업 내용, 범위, 예산, 기간 등
- 사업기획 및 설계의 지연
- 설계 및 시공 단계에서의 사업 범위 및 예산의 변경
- 프로젝트 참여자간 협력 관계의 구축 실패
- 부적합한 설계자, 엔지니어, 시공자 등의 선정
- 설계 착오 및 누락
- 설계 및 조달 지연에 따른 적정 시공 공기 미확보

3) Office of Financial Management(1998) A Strategy for Risk Management in Capital Construction, Washington State.

• 프로젝트 진행 상황에 대한 정확한 진단 실패
• 잦은 설계 변경
• 최저가 위주의 낙찰자 선정

위 항목들을 살펴보면 충분히 프로젝트의 실패를 유발시킬 수 있는 '나쁜 습관' 이라는 것에 동의할 수 있을 것이다. 동시에 미국만의 이야기가 아니라 우리에게도 낯설지 않은 이야기라는 것을 발견하게 될 것이다. 또한 대부분 실패 습관의 원인 제공자가 발주자라는 것도 발견하게 될 것 이다.

이미 설명한 바와 같이 발주자는 의사결정권자로서 건설생산에 참여하고 특히 건설사업의 전반전을 운영하는 주체이다. 따라서 건설사업의 성공과 실패의 습관이 발주자에게 집중되어 있는 것은 조금도 이상한 일이 아니다. 건설사업 성공과 실패의 열쇠는 발주자가 쥐고 있다. 그래서 발주자의 리더십이 중요한 것이다.

04 공공 건설부문의 혁신이 왜 필요한 것인가?

✲ 정부와 국민을 위해 혁신이 필요하다

이 책에서는 건설산업 혁신의 실마리를 발주자에게서 찾고 있고 공공 부문을 대상으로 하고 있다. 그렇다면 이러한 시각에서 건설산업 혁신의 필요성을 재조명해 볼 필요가 있다.

건실산업 혁신이라는 논의가 나올 때 마다 단골로 사용되는 키워드는 '기술경쟁력 향상', '국제 경쟁력 향상' 등 이다. 건설산업 혁신의 중요한 이유라고 공감한다.

그러나 조금 다른 시각에서 바라보자.

건설산업이 혁신되어야 하는 이유는 정부가 그 혜택을 볼 수 있기 때문이다. 보다 현실적인 용어로는 건설산업의 혁신이 정부의 돈을 줄여 준다는 것이다. 그럼 지금 우리 정부가 공공 건설사업에서 돈을 줄여야 하는 상황에 처해 있는지 한번 살펴 볼 필요가 있다.

만일 지금 우리 정부가 한 푼이라도 절약해야 하는 처지에 있다면 건설산업의 혁신은 매우 중요한 어젠다가 되어야 한다. 그렇지 않다면 건설산업 혁신에 대한 논의는 묻어 두어도 좋을 듯하다.

국가와 사회가 발전하고 삶의 질 향상에 대한 국민들의 눈높이가 올라 갈수록 사회간접자본시설에 대한 수요는 지속적으로 증가할 수밖에 없다. 경제가 발전하는 한 더 좋은 도로, 더 깨끗한 물, 더 경쟁력 있는 물류기반 등에 대한 수요는 절대로 후퇴하지 않을 것이다.

과연 이런 수요 증가에 맞추어 정부가 공공 투자를 늘릴 수 있을 것인가? 웬만한 '배짱' 이 아니고서는 이런 수요 증가에 맞추기 위해 더 많은 세금을 거두어드리기 쉽지 않을 것이다. IMF 외환위기 이후 건설시장의 규모는 지속적으로 성장해 왔지만 공공 투자는 과거 10년간 비슷한 수준을 유지하고 있는 것만으로도 향후 어느 날 갑자기 공공 투자가 대폭적으로 늘어날 것을 기대하기는 어렵다.

사회간접자본시설에 대한 수요는 증가하지만 공공 투자가 늘지 않거나 오히려 줄어든다면 반드시 갭(gap)이 발생할 수밖에 없다. 이 갭을 메울 수 있는 방법은 크게 두 가지이다.

첫째는 민간 자본을 활용하는 것이다. 현재 우리에게도 일어나고 있는 현상이다.

둘째는 공공 자금을 아껴서 효과적으로 쓸 수밖에 없다. 즉, 공공사업의 투자효과를 높일 수밖에 없다. 공공사업의 효율성과 생산성을 향상시켜 돈을 아끼고 투자효과를 높이는 것이다.

최근 정부 재정 적자와 부채 증가가 큰 숙제로 대두되고 있다. 한 푼이라도 아껴야 되는 처지라고 진단해도 무리는 아닐 것 같다.

그렇다면 건설산업의 혁신을 통해 공공 건설사업의 효율성과 생산성을 향상시키고 이를 통해 투자효과를 높여 재정 적자의 시름을 조금이라도 덜 수 있다면 건설산업 혁신이라는 어젠다를 절대로 가볍게 다룰 일이 아니다.

또한 건설산업의 혁신을 통해 보다 쾌적하고 안전하고 품질 높은 인공 환경(built environment)을 국민들이 향유 할 수 있다면 이것 하나만으로도 혁신이 필요한 충분한 이유가 될 것이다. 이 책에서 주목하고 있는 영국의 공공부문 혁신도 이런 배경에서 출발하였다.

영국의 공공 건설사업도 우리에게 아주 익숙한 문제를 가지고 있었다. 우리와 비슷한 문제가 있는 사례가 또 있다는 것은 '위안' 이 되는 부분이다.

그러나 그들은 공공 발주자와 조달시스템 혁신을 통해 공공사업의 투자가치(VFM, Value for Money)를 향상시키고 있다. 보다 쉬운 말로 공공 예산이 절감되고 있다는 것이다. 공공사업에서 공사비가 절감되고 공기가 단축되며 품질이 향상되는 '열매' 가 나타나고 있다. 그 '열매' 의 수혜자는 정부와 공공 발주자이며 국민이다. 물론 건설산업도 그 '열매' 를 공유하고 있다. 우리에게 '희망' 이 되는 부분이다. 누군가의 성공담은 용기와 희망을 준다. 영국의 공공부문 혁신사례를 통해 성공 전략과 성과를 살펴보는 것은 그래서 의미 있는 일이다.

건설산업의 혁신이 왜 필요한가? 정부의 예산을 절감시켜 줄 수 있기 때문이고 그 돈은 국민의 혈세(血稅)이기 때문이다.

※ 무엇이 문제인가?

이쯤 되면 건설산업의 혁신이 요구되는 문제점이 무엇인지 짚고 넘어가야 할 것 같다. 건설산업의 문제점에 관한 자료를 찾다보면 재미있는 특징을 발견할 수 있다. 건설산업계의 문제점을 지적하고 해결방안을 제시하는 자료는 넘칠 정도로 많이 있다. 그러나 정작 정부와 발주자의 문제점을 지적하고 해결방안을 제시하는 자료는 상대적으로 제한적이라는 것이다. 그간 건설산업 혁신의 초점을 건설산업계에 두어왔다는 것을 반증하는 것이다.

사실 그간 건설사업에 문제가 생기면 일단 건설기업에 손가락질 하는 것이 일반적인 풍토였다. 한 지인(知人)이 이런 현상을 "800m 계주 경기에서 팀이 꼴등을 하면 앞 주자들이 마지막 주자를 비난하는 꼴사나운 형상"이라고 비유하는 것을 들은 적이 있다. 재미있고 적절한 비유다. 앞 주자들에게 문제가 있었을 수도 있고 감독의 작전이 처음부터 잘못되었을 수도 있는데 말이다.

이 책에서는 건설산업의 혁신을 위한 초점을 발주자에 두고 있기 때문에 발주자의 문제점을 한번쯤 짚어볼 필요가 있다. 물론 발주자의 유형, 특성과 수준에 따라 일부 발주자들은 이 책에서 인용한[4] 몇 가지 문제 제기가 적절하지 않거나 억울하다는 생각이 들 수도 있을 것 같다. 그러나 일단 여기에 인용된 문제점들에 대해 겸허한 마음으로 한번쯤 살펴 보기를 권하고 싶다.

- 발주자가 리더로서 자신이 지니고 있는 영향력에 대한 인식이 부족하다.
- 발주자가 상업적 마인드(commercial mind)가 부족하다.
- 효율성과 생산성을 높여야하는 환경과 동기부여가 부족하다.
- 순환보직에 따른 전문성이 없다.
- 발주자의 권한인 기획(planning) 단계의 전문성이 부족하다.
- 발주자의 기능과 역할에 대한 정의가 불분명하고 평가시스템이 미흡하다.
- 발주자의 핵심 역량에 대한 정의나 교육이 부재하다.
- 법과 제도를 통해 무엇을 해야 하는지에 대한 최소 규정만 있고 어떻게 하면 잘하는 것인지에 대한 가이드가 부재하다.

4) www.cvf.or.kr

• 발주자가 역량을 축적하고 발휘할 수 있는 기회를 박탈당하고 있다.
• 발주자가 이미 가지고 있는 재량을 충분히 발휘하고자 하는 의지가 부족하다.
• 건설산업계를 파트너가 아닌 주종(主從)의 관계로 인식한다.
• 선진 제도와 시스템을 왜곡 적용한다.

현재 우리 공공 건설사업의 성과는 어떠한가? 공공사업에 대한 종합적인 성과분석을 시도한 관련 조사나 연구 자료들이 부족하여 정확한 실태를 파악하기는 어렵다. 그러나 일부 대형사업을 분석한 자료를 인용하면 경종(警鐘)을 울리기에는 충분한 것 같다.

표 1-2 대형 공공 건설사업의 성과 사례[5)]

구 분	계획대비 변동사항	
	사업비 증가율	사업기간 연장
경부고속철도	3.2배 증가	5.5년
인천국제공항	2.2배 증가	3년
여수공항	2.1배 증가	2년
탐진 다목적댐	1.5배 증가	1년
서울지하철2단계 2차	1.5배 증가	3년
부산지하철 2호선	2.1배 증가	4년
서해안고속도로	1.5배 증가	5년
평균증가상황	약 2배 증가	약 3년 연장

위에 있는 단편적인 사례만으로 우리 공공 건설사업의 성과가 모두 부실하다고 판정하는 것은 무리가 있다. 이 책을 집필하는 과정에서 공공 건설사업의 총체적인 성과를 진단한 자료를 찾고자 무던히도 애를 썼지만 의미 있는 데이터를 확보하는데 실패하였다. 이를 뒤집어 생각해보면 현재 우리 공공 건설사업의 성과가 어느 정도 수준인지 아직 총체적으로 파악도 되지 않고 있다는 뜻이다.

그러나 공공사업에 대해 효율적이고 생산적이라고 코멘트(comment)하는 전문가나 실무자들을 만나기가 무척 어렵다는 것이 현재 우리 공공 건설사업이 처한 성과 부실의 단면이라고 판단한다면 지나친 논리의 비약일까?

5) 한국건설기술연구원 외(2004) 공공 건설사업 성과측정 및 지표개발, 건설교통부, 한국건설교통기술평가원.

※ 아무나 될 수 있는 발주자, 아무나 될 수 없는 일류 발주자

기술자는 아무나 될 수 없다. 관련 교육, 경력, 시험 등의 과정을 거쳐야 비로소 기술자라고 불린다. 자격과 자질이 필요한 것이다. 건설기업도 아무나 할 수 없다. 요건이 높건 낮건 일정한 요건이 충족되어야 가능한 것이다. 이 역시 자격이 필요한 것이다. 건설사업에 참여하기 위해서는 실적, PQ, 기술제안평가 등 '자격시험'을 거쳐야 한다. 이 역시 만만치 않은 자격을 요구한다.

이렇게 다양한 자격을 요구하는 이유는 건설산업계의 '품질관리'를 통해 건설사업이 성공적으로 수행될 수 있도록 유인하기 위함이다. 이는 또한 건설산업계가 적합한 자격을 갖추기를 끊임없이 요구하고 관리해온 과정이기도 하다. 당연히 필요한 과정이고 지속되어야 한다.

그러나 한 가지 이상하고 무엇인가 빠트린 것이 있다. 그간 우리는 끊임없이 건설산업계의 자격은 물어왔지만 정작 건설사업의 성패에 결정적인 영향을 끼치는 발주자의 자격은 묻지 않았다는 것이다.

발주자가 되기 위해 어떤 자격이 필요한가? 별 특별한 자격이 필요하지 않다. 그냥 건설예산과 물량만 있으면 발주자가 되는 것이다. 발주기관에 취업하는 순간 발주자가 되는 것이다. 발주자로서 갖추어야 하는 요건과 역량에 대한 검증을 통해 발주자가 되는 것이 아니다.

어떤 사업에 누가 적합한 발주자인지 PQ나 기술제안평가가 필요한 것이 아니다. 그냥 담당 부서 업무로 지정 되어 있거나 담당자로 지명되면 자동적으로 발주자의 기능과 역할을 담당하게 되는 것이다. 그래서 발주자는 아무나 될 수 있는 것이다.

그러나 일류 발주자는 아무나 되는 것이 아니다. 일류 발주자가 갖추어야 하는 인식, 역량, 경험, 리더십 등을 갖추고 나서야 비로소 일류 발주자가 되는 것이다. 동시에 일류 조달시스템도 뒷받침 해주어야 일류 발주자로서의 역할을 제대로 할 수 있는 것이다.

이제는 발주자의 자격을 물어야 한다. 발주자가 일류 발주자의 자격을 갖추라고 요구해야 한다. 일류 조달시스템을 갖추고 일을 하라고 요구해야 한다.

05 왜 영국 사례인가?

왜 하필이면 외국 사례이고 그 중에서도 영국 사례인가 라고 의아해 하는 사람도 있을 것 같다. 외국 이야기만 나오면 알레르기 반응을 일으키는 사람도 있다. 이른바 '신토불이(身土不二)' 정신, 코리안 스탠더드 이야기다.

무분별한 답습은 경계해야 한다. 아무리 좋은 것이라도 우리 것으로 승화 발전 시켜야 가치도 있고 효과도 발휘될 것이다.

그러나 한번 겸허하게 뒤 돌아 보자. 그간 우리가 외국 것을 가져다 쓸 때 그것 자체에 문제가 많았었는지? 아니면 우리 식으로 적당히 난도(亂刀)질 해서 사용하는 바람에 문제를 일으킨 적이 더 많았었는지?

분명 원본(原本)은 수작(秀作)이고 검증된 해법이지만 사본(寫本)은 해적판(海賊板)이 되는 바람에 효과를 보지는 못했는지? '신토불이(身土不二)' 라는 논리를 변화와 혁신을 비껴가기 위한 변명으로 또는 '밥 그릇' 수호를 위한 방어용 구호로 사용하지는 않았는지?

만일 외국 이야기가 우리한테 전혀 보탬이 되지 않는 것이라면 초등학생들에게 외국 위인들의 전기(傳記)는 금서(禁書)라고 가르쳐야한다. 스티븐 코비의 「성공하는 사람들의 7가지 습관」이 국내에서도 베스트셀러가 된 것은 기이한 현상이라고 봐야 한다. 성공 신화를 만들어 낸 해외 일류기업의 CEO가 쓴 기업 성공론들은 국내 유명 기업의 필독서 명단이나 연수 자료에서 빠져야 한다.

성공담은 국경과 사회를 초월해서 우리에게 던져주는 교훈과 메시지가 있다. 비록 외국 이야기라 할지라도 귀 기울여야하는 이유가 여기에 있는 것이다. 또한 만일 검증된 성공의 원리와 해법이 우리에게서 작동이 되지 않는다면 우리 풍토와 체질을 바꿀 일이지 검증된 성공의 원리와 해법을 버릴 일이 아니기 때문이다.

이러한 무모한 제안을 하고 싶은 강한 유혹도 든다. 검증된 성공의 원리와 해법이라면 비록 외국 것이라 할지라도 어설프게 난도질 하지 말고 눈 딱 감고 '따라 하기' 를 한번 해보자고.

왜 굳이 영국 사례인가? 그 이유도 단순하다.

최근 몇 년간 필자는 미국, 영국, 싱가포르, 일본 등 다양한 선진 국가의 건설 혁신에 대해 연구를 지속해왔다. 그 중 가장 두드러진 혁신 성공사례로 영국이 포착되었다. 물론 미국, 싱가포르, 일본의 경우에도 교훈으로 삼을만한 소재거리가 없는 것은 아니다.

그러나 1990년대 중반 이후 영국 건설산업에서 일어났던 대대적인 혁신의 물결과 성과는 우리에게 많은 교훈과 시사점을 던져준다. 과연 영국의 혁신사례를 통해 우리가 보고 배울만한 것이 많은지에 대한 가치판단은 물론 독자의 몫으로 남겨두겠다.

06 일류 발주자, 일류 조달시스템이란 무엇을 의미하는가?

이 책에서 조명하고 있는 영국의 공공 조달혁신 목표와 전략은 「일류 발주자, 일류 조달시스템을 통한 공공사업의 투자가치(Value for Money) 달성」으로 압축될 수 있다. 구체적인 내용과 사례는 후속 장들로 미루기로 하고 일단 일류 발주자, 일류 조달시스템이라는 용어의 기본적인 개념만 정리해 보자.

우선 일류 발주자의 의미부터 한번 살펴보자. 일류 발주자란 리더십을 갖춘 똑똑한 발주자를 의미한다. 발주자로서의 기능과 역할을 이해하고 건설사업의 성공을 위해 자신이 무엇을 해야 하는지를 제대로 알고 있는 발주자이다. 자신이 똑똑해 질려는 방법을 모색하는 발주자이다. 제대로 일하는 방법을 알고 있기에 사업을 어떤 방향으로 어떻게 진행시켜야 하는지를 건설산업계에게 알려주고 이를 선도할 수 있는 리더십을 갖춘 발주자이다. 지속적으로 더 좋은 것, 더 낳은 것을 까다롭게 요구하는 발주자이다. 건설산업계와 팀(team)으로 일할 준비가 되어 있는 발주자이다.

일류 조달시스템이란 용어는 무엇을 의미하는가?

우선 조달이라는 용어부터 정리를 해야 할 것 같다. 이 책에서 사용하고 있는 조달이라는 용어나 영국 정부가 주력했던 조달혁신에서 사용되는 조달이라는 용어는 단순히 입찰 · 계약 행위나 업무만을 의미하는 것이 아니다. 이보다 더 광범위하고 포괄적인 의미이다.

조달이란 건설사업의 생애주기(life cycle)에서 발주자가 담당해야 하는 사업관리(project management) 활동 및 업무 전체를 의미하는 것이다. 즉 건설사업의 기획, 타당성, 설계, 입찰 · 계약, 시공, 사용 · 유지관리, 폐기에 이르는 전(全) 과정에서 요구되는 발주자의 활동과 업무가 조달이라는 것이다. 따라서 조달을 협의(狹義)의 입찰 · 계약으로만 축소하여 이해하지 않기를 당부하고 싶다.

또한 조달 제도라는 용어라는 대신 조달시스템이라는 용어를 선택하고 있는 이유도 설명이 필요 할 것 같다. 조달시스템이라는 용어는 건설사업의 조달을 위한 정책, 법, 제도, 프로세스, 지식 및 실무 기반 등을 총체적으로 의미하는 것이다. 따라서 영국 정부의 조달혁신은 단순히 조달 관련 법과 제도만을 정비하는 수준에서 추진된 것이 아니라 효율적인 공공사업 시행을 위한 총체적인 시스템의 개혁을 의미하는 것이다.

07 무엇에 주목해야 하는가?

「일류 발주자, 일류 조달시스템을 통한 공공사업의 투자가치(VFM) 달성」이라는 영국의 공공 조달혁신 목표와 전략을 다시 한 번 살펴보자. 이는 일류 발주자와 일류 조달시스템이 공공사업의 투자가치 달성을 위한 전제조건이라는 것을 시사한다. 쉽게 풀어서 설명하면, 똑똑한 발주자가 '똑똑한' 조달시스템 속에서 일을 하면 제대로 일이 된다는 논리이다. 그다지 이해하기 어려운 논리가 아니다.

투자가치(Value for Money)

영국 정부의 공공 조달혁신 정책과 제도에서 가장 반복적으로 강조되는 핵심 키워드이다. Value for Money라는 용어에 대한 번역이나 정의는 관점에 따라 다양하며 투자효율성, 가치창조, 최대가치 등이 대표적인 예이다. 영국 정부에서는 투자가치(VFM)를 "사용자의 요구사항을 만족시키며 생애주기비용과 품질(또는 사용 목표의 적합성)간의 최적 조합: the optimum combination of whole-life cost and quality(or fitness for purpose) to meet user's requirements"라고 정의하고 있다.

그런데 이런 논리가 건설산업의 혁신과 어떤 상관관계가 있는 것일까? 그 대답은 의외로 간단하다. 일류 발주자가 운영하는 일류 조달시스템에서는 자연스럽게 건설산업계가 혁신되어야만 하는 동기가 유발되기 때문이다.

보다 정확하게 표현하면 혁신적인 기업만이 일류 발주자와 일류 조달시스템 하에서 생존 · 발전할 수 있기 때문이다. 눈높이가 높은 건설고객의 수준과 요구에 부응할 수 없는 나태한 기업은 자연스럽게 도태될 수밖에 없는 환경이 만들어 지기 때문이다.

혁신적인 기업만이 생존 · 발전하고 나태한 기업은 도태될 수밖에 없는 환경이 만들어진다면 산업의 혁신은 누가 억지로 강요하지 않아도 제 길을 찾아가기 마련이다. 혁신을 요구하는 주체가 바로 시장의 리더이자 동시에 산업에 막대한 영향력을 발휘 할 수 있는 고객이기 때문이다.

일류 발주자, 일류 조달시스템 속에서는 어떤 환경이 만들어지는 지 한번 짚어보자.

- 발주자의 투자가치를 달성 시켜 줄 수 있는 능력 있는 기업들에게만 일을 할 수 있는 기회가 주어진다.
- 다행히도 제일 싼 가격을 요구하지 않는다.
- 기업이 보유한 역량을 최대한 발휘하여 발주자를 도울 수 있는 기회가 마련된다.
- 상하복종의 관계 속에서 발주자를 위해 일하는 것이(working for the client) 아니라 팀(team)으로서 발주자와 함께 일할 수 있는(working with the client) 환경이 조성된다.
- 투자가치 달성을 위해 무엇을 해야 하는 지를 제대로 알고 있는 똑똑한 발주자가 있기에 일을 제대로 할 줄도 알고 일을 제대로 시킬 줄도 안다.
- 다양한 혁신의 해법을 실천하도록 요구하기 때문에 '공부' 하지 않는 기업들은 혁신의 진도를 맞출 수가 없다.
- 사업의 성과를 깐깐하게 챙기고 '채점' 한다.
- 그리고 생산성과 효율성 향상을 통한 지속적인 개선도 요구한다.

위와 같은 환경이라면 건설산업의 혁신이 자연스럽게 유발되지 않겠는가?

일류 발주자, 일류 조달시스템을 통해 건설산업계의 혁신 동기가 유발되고 이를 통해 생산성과 효율성이 향상되며 궁극적으로 공공사업의 투자가치의 달성이 가능해지는 것이다. 이것이 바로 영국에서 채택한 공공 조달혁신 전략의 핵심 포인트이다. 현재 그들의 성과를 통해 이 전략이 유효하다는 것이 증명되고 있다.

그들의 공공 건설사업에는 어떤 아픔과 문제점이 있었는지? 혁신의 동력은 어떻게 생겨났는지? 일류 발주자가 되기 위해 어떤 노력을 하고 있는지? 일류 조달시스템을 어떻게 구성하고 작동시키고 있는지? 혁신의 '열매' 는 무엇인지? 그 어느 것 하나도 가볍게 볼 수 없는 주제들이다.

이 책이 지니고 있는 결정적인 약점을 하나 고백해야 할 것 같다. 이 책에서는 건설산업계의 '복지 전략'을 제시하고 있지는 않다. 혁신적인 기업만이 살아남을 수 있는 환경이라면 나머지 기업의 먹거리는 어떻게 '보장해' 줄 것인가를 제시하고 있지 못하고 있다는 뜻이다.

건설고객의 가치 창출을 우선시 하여 혁신적인 기업만이 살아남는 환경이 바람직한 것인지, 아니면 건설고객은 뒷전에 밀어놓고 도토리 키 재기를 하면서 나누어 먹고 사는 것을 '상생(相生)'이라고 부르고 안주하는 것이 바람직한 것인지에 대한 견해는 어떤 목표를 달성할 것인가에 따라 다양할 수 있을 것 같다.

그러나 이 책에서는 전자(前者) 쪽에 비중을 두었다. 건설고객의 가치 창출에 더 비중을 두었기 때문이다. 건설산업이 지속성장력을 확보하기 위해서는 건설고객을 감동시키지 않고는 불가능하다고 믿기 때문이다. 발주자의 투자가치 달성을 가능하게 해주는 효율적인 산업, 혁신적인 산업만이 붕괴의 위기를 피할 수 있고 합당한 대우를 받으며 지속적으로 성장 발전할 수 있다고 믿기 때문이다.

건설산업계의 혁신동기 유발은 일류 발주자와 일류 조달시스템을 통해 가능하다는 것을 다시 한 번 강조하고 싶다. 정부와 공공 발주자의 역할은 건설산업계의 혁신동기가 유발될 수 있도록 스스로가 일류 발주자로서 행동하고 일류 조달시스템을 운영하는 것이다.

그 결과는 상생(win-win)이다. 정부와 공공 발주자는 예산절감이나 합목적적인 사용을 통해 투자가치를 달성할 수 있고 건설산업계는 혁신을 통해 경쟁력 향상과 지속성장력을 확보할 수 있기 때문이다.

이 책의 '관전(觀戰) 포인트'는 일류 발주자와 일류 조달시스템이다. 영국 정부와 공공 발주자는 공공사업의 투자가치 달성을 위해 어떤 혁신 전략과 해법을 구사하였는지 잘 살펴보아 주기를 바라고 싶다. 그 결과로 건설산업계가 어떤 향상된 성과를 내었는지 또 우리에게 어떤 교훈과 시사점을 주는지도 짚어 주기를 바란다.

교훈과 시사점을 대하는 우리의 선택은 둘 중 하나일 것이다. 그들의 성공 전략과 해법을 선택하고 혁신의 길을 걸어갈 것인지, 아니면 그냥 남의 얘기로 묻어 둘 것인지. 어떤 선택을 해야 할 지는 두 가지 질문에 답을 한 이후라도 늦지 않을 것 같다.

우리 건설산업의 혁신이 정말로 필요하고 중요한 현안인가?

우리 정부와 공공 발주자에게 공공사업의 투자가치 달성이 중요한 목표인가?

위 두 가지 질문 중 어느 하나라도 '아니요' 라는 답이 어울린다면 굳이 혁신의 '가시밭' 길을 걸어가라고 권하고 싶지 않다. 그러나 어떤 결과가 우리를 기다리고 있는지는 쉽게 예측할 수 있다. 이미 앞에서 '끔직한' 시나리오를 짚어보았기 때문이다.

제 2 장

혁신의 배경과 전개과정

01 들어가는 말

이 책에서는 영국의 공공 조달혁신에 주목하고 있다. 보다 정확하게 표현하면 공공 발주자 및 조달시스템 혁신 사례이다. 이를 구체적으로 다루기에 앞서 우선 '준비 운동'이 필요하다. 우선 영국 건설산업의 현황과 건설산업을 관장하는 중앙 정부기관인 통상산업부 산하 건설산업국의 역할에 대해서 살펴보고자 한다.

다음은 영국 건설산업에서 공공 조달혁신이 추진되게 된 배경과 전개과정을 주요 이벤트와 시간의 흐름 속에서 살펴보고자 한다. 영국의 공공사업 조달과 성과에는 어떤 문제점이 있었고 이를 극복하기 위해 영국 정부는 어떤 시각과 입장을 견지하였는지를 주목할 필요가 있다. 또한 레이썸 보고서(Latham Report), 이간 보고서(Egan Report), 건설재인식(Rethinking Construction) 운동도 주목할 필요가 있다. 이들이 영국 공공 조달혁신의 계기와 동력을 제공하였기 때문이다.

영국의 공공 조달혁신을 이해하는데 있어서 반드시 주지해야 할 것은 공공 조달혁신이 단순히 입낙찰 제도의 개선이나 혁신에 국한된 것이 아니라는 것이다. 흔히 조달이라 하면 입낙찰

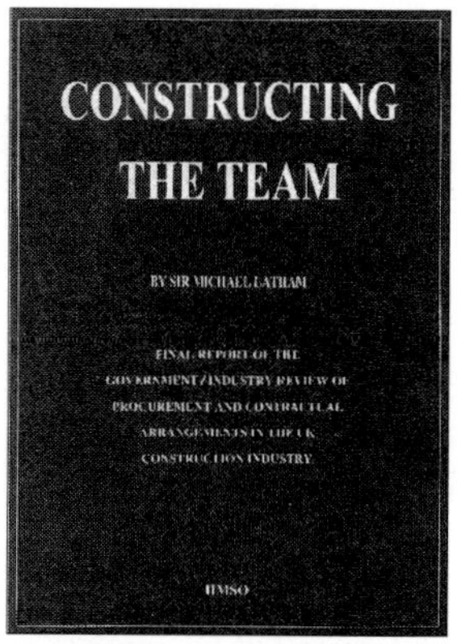

그림 2-1 레이썸(Latham) 보고서

* 자료: HMSO

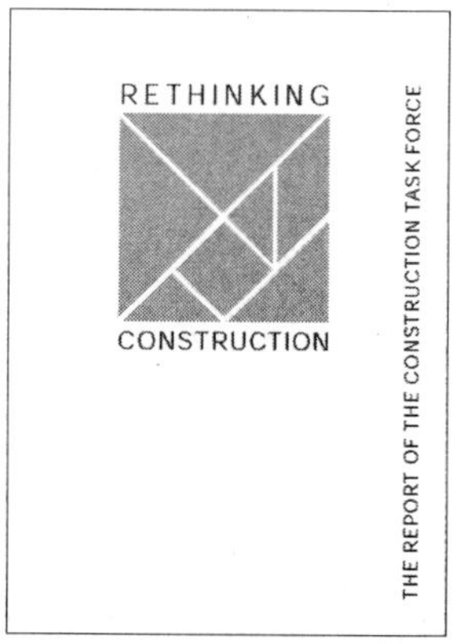

그림 2-2 이간(Egan) 보고서

* 자료: DTI

행위나 업무에 국한시켜 생각하는 것이 일반적인 이해의 폭이며 이는 미시적인 관점의 조달이다.

그러나 거시적인 관점의 조달은 초기단계에서 건설사업(물)이 구상되고 시설물이 완성되는 시점까지 건설고객(발주자)이 수행해야 하는 일체의 업무이다. 다시 말해 건설사업의 전(全) 과정에 걸친 발주자의 포괄적인 사업관리(project management) 행위가 거시적인 조달이라는 것이다.

영국의 공공 조달혁신도 이러한 거시적인 관점의 혁신이라고 이해하는 것이 적합하다. 즉, 영국의 공공 조달혁신은 입낙찰 제도의 혁신뿐만 아니라 공공 발주자가 공공사업을 시행하고 관리하는 일체의 업무와 시스템을 혁신하고자 하는 것이었다. 또한 조달제도나 조달시스템의 혁신뿐만 아니라 공공 발주자의 역량 향상과 업무 방식의 혁신도 영국 공공 조달혁신에서 나타나는 두드러진 특징이라고 할 수 있다. 이러한 맥락에서 영국의 공공 조달혁신이 공공 발주자 혁신과 공공 조달시스템 혁신이라고 정의될 수 있는 것이다.

02 영국 건설산업에 대한 이해

※ 영국 건설산업의 규모와 특징

영국 건설산업이 국내총생산(GDP)에서 차지하는 비율은 평균 8% 정도이고 건설산업의 고용인구는 약 200만 명 수준이며 건설 생산고는 세계시장에서는 5위를 차지하고 있다.[6]

2004년도 신규 및 유지보수 사업을 포함한 건설시장의 규모는 건설회사 매출액(contractor' s output)을 기준으로 약 1,024억 파운드(약 174조원) 수준이다. 이 중 신규 사업은 약 572억 파운드(약 97조원, 56%), 유지보수 사업은 약 452억 파운드(약 77조원, 44%)로 신규 사업과 유지보수 사업이 시장규모 측면에서 큰 차이가 없는 것으로 나타나고 있다.[7]

1994년부터 2004년까지 10년 간 건설시장의 규모 변화 추이를 살펴보면 미미한 등락은 있었지만 지속적으로 건설시장이 성장하여 왔다. 1994년 대비 2004년도의 건설시장 규모는 경상가격 기준으로 약 110%정도 성장하였으며 고정가격 기준으로 약 28% 성장하였다.

신규 사업만을 대상으로 볼 때, 2004년 건설회사 매출액 기준으로 공공 건설시장은 약 155억 파운드(약 26조, 27%), 민간 건설시장은 약 417억 파운드(약 71조원, 73%)로 민간 건설시장의 규모가 공공 건설시장의 규모에 비해 2.7배 정도 큰 것으로 나타나고 있다.

6) www.uktradeinvest.gov.uk
7) 영국 건설산업 관련 통계는 통상산업부(DTI, Department of Trade and Industry)에서 발행한 2005년 건설업 통계연보(Construction Statistics Annual 2005)에서 인용한 것이다.

유지보수 시장의 경우, 2004년 건설회사 매출액 기준으로 공공 시장은 약 164억 파운드(약 28조, 36%), 민간 시장은 약 288억 파운드(약 49조원, 64%)로 민간 시장의 규모가 더 큰 것으로 나타고 있다.

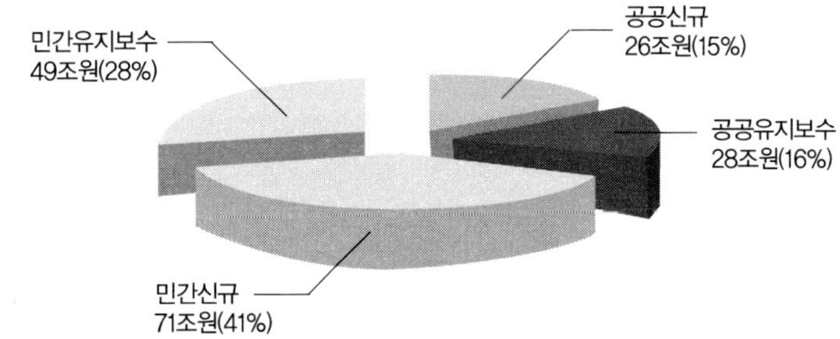

그림 2-3 **영국 건설시장 구성: 2004년 기준** * 자료: DTI

건설시장의 규모 변화 추이에서 나타나는 두드러진 특징은 1994년 이후 건설시장의 규모가 매년 확대되어왔음에도 불구하고 공공부문의 시장규모는 일정 수준을 유지하며 큰 변화가 없다는 것이다. 결국 전체 건설시장의 성장은 민간부문의 주도로 이루어진 것이다. 다만, 2000년도 초반부터 공공 교육시설과 의료시설을 중심으로 공공 투자가 급증하고 있는 것으로 나타나고 있다.

공공 건설시장에서 나타나는 흥미로운 특징은 1997년부터 사회간접자본시설에 대한 민간투자가 공공투자를 넘어섰나는 것이다. 2004년의 경우, 신규 사회간접자본시설에 대한 민간투자가 공공 투자보다 약 60% 정도 높게 나타나고 있다. 이는 대처 수상 이후 영국 정부가 지속적으로 추진해온 민영화 정책의 영향이며 보다 직접적으로는 1992년 이후 추진된 민자정책(Private Financing Initiative)의 활성화 영향이라고 할 수 있다. 현재 영국에서는 민자방식이 공공 조달의 주요 방식 중 하나로 활용되고 있다.

2004년도 기준으로 영국 건설산업의 일반건설회사(main trade)와 전문건설회사(specialist trade)의 총 업체 수는[8] 약 17만 6천여 개다. 이 중 일반건설회사는 약 4만 6천여 개(26%)이며 전문건설회사는 약 13만 여 개(74%)이다. 영국의 경우, 일반 건설업과 전문 건

8) 일반건설회사(main trade)와 전문건설회사(specialist trade)의 구분은 산업분류체계에 의한 구분일 뿐이지 법 · 제도에 의해 건설 업역이 구분되어 있지는 않다.

설업이 법적 · 제도적으로 구분되어 있지 않다는 것과 중소기업의 시장 점유율이 상대적으로 높게 나타나고 있다는 것이 건설산업의 구조상 특징이라고 할 수 있다.

※ 건설산업 관련 제도

한국 건설산업의 시각에서 일반적으로 이해되고 있는 '제도' 라는 측면에서는 영국 건설산업을 조명하기가 쉽지 않다. 그 이유는 한국 건설산업을 다양한 제도와 법에 의해 운영되는 규정화된 시장(regulated market)으로 정의한다면 영국 건설산업은 상대적으로 비규정화된 시장(less regulated market)이라는 특징을 지니고 있기 때문이다. 이러한 상대적인 비교가 영국 건설산업이 무법(無法) 또는 무제도(無制度)로 운영되고 있다는 것을 의미하는 것은 아니다.

국가적 차원의 계획이 필요하거나 공공복리와 직접적으로 관련된 도시계획, 단지계획, 보건, 안전, 방재, 방화, 위생 등의 분야에서는 법적 · 제도적 장치가 정형화 되어 운영되고 있다. 그러나 건설산업의 생산구조나 생산시스템을 규정하는 법이나 제도는 극히 제한적인 것으로 나타나고 있다.

이러한 특징으로 인해 영국 건설산업에서 일반적으로 통용되고 있는 건설법(Construction Law)이라는 용어도 대부분 계약, 분쟁, 건설상거래 등과 관련된 법들을 의미하며 이것도 단일법이 아니라 관습법, 상법, 계약법, 유럽연합(EU) 규정 등 관련 법 및 규정을 통칭하는 의미로 사용되고 있다.

이러한 특징으로 인해 영국 건설산업에 대한 정부의 기능과 역할을 관련 법과 제도의 관점에서 분석하는 것은 적절하지 않으며 해당 정부 조직의 활동을 중심으로 건설산업에 대한 정부의 기능과 역할을 이해하는 것이 현실적인 접근방식이다.

※ 통상산업부와 건설산업국

영국 건설산업을 운영하는 법적 · 제도적 시스템이 제한적이라는 것을 간접적으로 살펴볼 수 있는 한 단면으로 건설산업을 전담하는 영국 정부의 단독 중앙부처가 없다는 것을 들 수 있다.[9] 영국에서는 통상산업부(DTI, Department of Trade and Industry)가 건설산업을 담당하고 있으며 건설산업국[10](CSU, Construction Sector Unit)이 주무 부서이다.

현재 통상산업부(DTI)에는 1명의 장관(Secretary of State)과 7명의 차관(Minister)이 있다. 이들 차관 중 건설산업을 별도로 전담하는 차관은 없지만 다른 산업분야와 겸직하는 차관은 있다.[11] 결국 영국에서는 건설산업이 타(他) 산업과 분리된 별도 산업으로 운영되고 있는 것이 아니라는 것을 알 수 있다.

통상산업부(DTI)와 건설산업국(CSU)은 정체성, 목표 그리고 비전을 다음과 같이 제시하고 있다.

> *"통상산업부(DTI)는 건설산업의 대(對) 정부 관계의 주 파트너(main partner)이며 건설산업국(CSU)은 이러한 관계를 주도하는 역할을 담당한다. 건설산업국(CSU)의 목표는 고객과 사회의 니즈에 부합하며 국내외 경쟁력을 갖추고 있는 혁신적 · 성공적 건설기업과 효율적인 건설시장을 창출하는 것이다. 건설산업국(CSU)의 비전은 건설산업계와의 파트너십을 통해 긍정적인 변화를 추구하는 것이며 이를 위해 (1) 상호 신뢰할 수 있는 열린 관계 구축 (2) 건설산업에 대한 체계적인 분석과 상호 이해 증진 (3) 건설기업의 퍼포먼스(performance) 향상을 위한 동기 부여 및 지원 (4) 건설기업의 합법적 관심사의 충족을 주도한다."*

건설산업국(CSU)의 홈페이지에 나와 있는 몇 줄의 '대외용' 문구 때문에 과대평가를 할 필요는 없지만 몇 가지 인상적인 키워드는 발견할 수 있다. "파트너", "열린 관계", "효율적인 건설시장", "동기부여" 등은 최소한 건설산업에 대한 정부의 시각과 역할을 잘 반영하고 있다.

9) 교통산업을 담당하는 교통부(Department for Transport)는 별도로 있다.
10) 영국과 한국의 정부 조직구조가 다르기 때문에 상응하는 명칭으로 번역하기가 용하지 않지만 건설산업국(Construction Sector Unit)이 통상산업부(Department of Trade and Industry)내에 있는 하부 조직이기 때문에 편의상 '국'으로 번역하였다.
11) 이 차관의 공식 명칭은 Minister of State for Industry and the Regions 이다.

홈페이지에 제시된 내용을 중심으로 건설산업국(CSU)의 주요 기능과 역할을 한번 살펴보자.

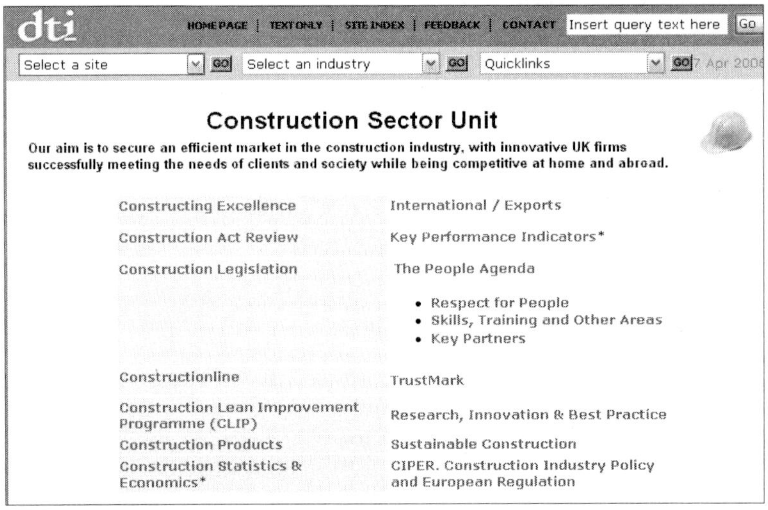

그림 2-4 건설산업국 홈페이지 * 자료: DT

- 컨스트럭팅 엑셀런스(Constructing Excellence): 컨스트럭팅 엑셀런스는 1998년에 착수된 건설산업 혁신운동인 건설재인식(Rethinking Construction) 운동의 후신(後身)이다. 이 운동을 정부 차원에서 지원하고 참여하며 베스트프랙티스를 실천하는 정부 및 공공 발주자가 되기 위한 노력을 지원하는 역할을 담당한다.
- 건설법률(Construction Legislation): 부수상실(ODPM, Office of the Deputy Prime Minster)에서 관장하고 있는 건설 관련 법률 사항을 지원하는 역할을 수행한다.
- 건설라인(Constructionline): 통상산업부(DTI)에서 설정한 PQ 요건을 갖춘 건설업체 및 컨설턴트의 등록을 주관하고 리스트를 관리하는 역할을 담당하며 현재 약 12,500 개의 건설업체 및 컨설팅 업체가 등록되어 있다. 건설라인은 건설재인식 운동의 산물이며 발주자의 효율적인 입찰 업무를 지원하기 위한 목적으로 운영되고 있다.
- 린 건설 프로그램(CLIP): 건설재인식 운동의 산물이며 건설산업의 생산성과 효율성 향상을 위해 요구되는 린 건설(Lean Construction) 관련 지식관리를 지원한다.
- 건설자재(Construction Products): 건설자재산업과 관련된 정책 및 지원을 담당하는 역할을 수행하고 있다.

- 건설통계 및 경제(Construction Statistics & Economics): 건설산업과 관련된 정보 및 출판물을 제공하고 있으며 건설통계연보 등을 발간하는 업무를 담당한다.
- 해외 건설 및 수출(International/Exports): 영국 건설산업 주체들의 해외 활동을 지원하는 역할을 담당한다.
- 성과측정지수(KPI, Key Performance Indicators): 건설재인식 운동의 일환으로 개발된 성과측정지수(KPI)를 통해 건설산업의 성과측정 결과를 매년 총괄 취합하는 역할을 담당한다.
- 인적자원현안(The People Agenda): 건설산업의 인적자원 우대 및 양성을 위한 각종 정책적 지원을 담당하는 역할로 건설재인식 운동의 영향으로 채택된 어젠다이다.
- 신뢰인증(Trust Mark): 역량 있고 신뢰할 수 있는 주택사업자를 정부에서 인증하는 제도를 담당한다.
- 연구, 혁신 및 베스트프랙티스(Research, Innovation & Best Practice): 건설R&D를 주관하고 건설산업 혁신을 위한 베스트프랙티스 지식관리를 지원하는 역할을 담당한다.
- 지속가능한 건설(Sustainable Construction): 건설산업이 지속가능한 건설시설물을 제공함으로서 국민의 생활 및 작업 환경을 개선할 수 있도록 교육 및 홍보하는 역할을 담당한다.

건설산업국(CSU)의 기능과 역할을 살펴볼 때 가장 두드러진 특징은 법적 · 제도적 장치를 가지고 건설산업을 관리하는 기능이 극히 제한적이라는 것이다. 즉, 비규정화된 시장이라는 영국 건설시장의 특성으로 인해 건설산업국의 기능과 역할도 건설산업의 '관리자(regulator/controller)' 보다는 '지원자(sponsor)' 의 성격이 두드러지게 나타나고 있다. 건설산업국(CSU)이 스스로의 정체성을 건설산업의 관리자가 아닌 파트너라고 인지하는 것도 이러한 맥락이다.

건설산업국(CSU)의 기능과 역할에서 나타나는 또 다른 주요 특징 중 하나는 건설산업 혁신운동인 컨스트럭팅 엑셀런스 운동(前 건설재인식 운동)에 주력하고 있다는 것을 알 수 있다. 사실상 건설산업국(CSU) 업무의 대부분은 건설재인식 운동과 밀접과 관계를 지니고 있다. 따라서 건설산업국(CSU)의 정체성은 건설산업의 혁신을 주도하는 정부 측 파트너라고 이해하는 것이 가장 적합할 것 같다.

이는 건설재인식 운동이 얼마나 큰 영향력을 발휘하였으며 컨스트럭팅 엑셀런스 운동으로 개명(改名)된 지금도 활발하게 진행되고 있음을 보여주는 것이다. 영국 정부의 공공 조달 혁신도 건설재인식 운동에 직접적인 영향을 받았다.

03 혁신의 신호탄이 오르다

※ 레이썸 보고서

영국 건설산업의 공공 조달혁신은 1990년대 중반부터 태동한 영국 건설산업의 혁신 대세(大勢) 속에서 파생된 결과이다. 즉, 1990년대 중반부터 건설산업의 혁신을 위한 분위기가 조성되기 시작되었고 그 진행 과정 속에서 공공 조달혁신이 주요 현안으로 부상(浮上)된 것이다.

1994년에 발간된 레이썸 보고서(Latham Report)가[12] 혁신의 신호탄이었다. 1993년 영국 정부의 주도하에 한 민관(民官) 공동위원회가 구성되었다. 이 위원회의 임무는 민간 및 공공 부문의 건설 조달 환경과 운영 실태를 중심으로 건설산업의 문제점을 진단하고 개선방향을 제시하는 것이었다.

마이클 레이썸(Michael Latham)을 위원장으로 하는 위원회의 조사 결과는 1994년 7월에 「팀의 구축: 영국 건설산업의 조달 및 계약 환경에 대한 민관 합동 조사 최종보고서」라는 제목으로 발간되었으며 이후 레이썸 보고서라는 별칭으로 더 널리 알려지게 된다.

레이썸 보고서에서는 영국 건설산업이 효율적 · 생산적으로 작동할 수 있는 잠재력을 충분히 보유하고 있음에도 불구하고 이러한 잠재력이 충분히 발휘되고 있지 못하다고 지적하였다. 가장 주된 원인은 비효율성과 비생산성을 유발시키는 기존 조달 방식과 상호 적대적인 계약 문화라는 것이었다. 이를 해소하기 위해서는 기존 조달 방식의 혁신을 통해 상호 협력 관계와 문화를 조성하여 발주자와 건설산업계간의 팀웍을 향상시켜야 한다는 것이 레이썸 보고서의

12) Latham M. (1994) Constructing the team: Final report of the Government/Industry review of procurement and contractual arrangements in the UK construction industry, HMSO.

가장 핵심적인 메시지였다.

이러한 메시지는 「팀의 구축: Constructing the Team」이라는 보고서의 제목을 통해서도 강력하게 어필되고 있다. 또 하나의 핵심적인 메시지가 있다. 혁신은 발주자로부터 시작되어야 한다는 것이다. 건설산업의 혁신은 공공 및 민간 발주자의 리더십을 통해 가능하다는 것이다.

※ 레이썸 보고서의 영향

레이썸 보고서에서는 상호 팀웍과 발주자의 리더십을 통해 영국 건설산업에서 2000년까지 즉, 5년 이내에 30% 원가절감 목표를 달성하자는 혁신 비전을 제안하였다. 레이썸 보고서의 30% 원가절감이라는 도전적인 제안은 정부, 발주자 및 건설산업계로부터 많은 반향을 불러 일으켰다. 이에 대한 긍정적이고 미래지향적인 반응도 있었던 반면 그 현실성과 실천 가능성에 대해 회의적이거나 부정적인 반응도 함께 나타났다. 또한 30% 원가절감이라는 목표는 이후 1998년 건설재인식 운동이 착수되면서 성과측정지수(KPI)를 통한 다양한 성과 목표로 대체됨에 따라 결과적으로는 선언적인 의미만을 가지게 되었다.

그러나 레이썸 보고서는 당시 영국 건설산업이 지니고 있던 문제점을 조달 및 계약 환경 관점에서 심층적으로 분석하고 팀웍과 발주자 리더십이라는 혁신 키워드를 제시함으로써 이후 전개되는 민간 및 공공 부문 혁신운동의 신호탄이 되었다. 영국 정부에서도 기존 공공 조달의 문제점을 인식함과 동시에 발주자의 리더십이라는 대목에 주목하게 되었다.

물론 1994년 이전에도 건설산업의 혁신을 위한 다양한 보고서나 노력들이 없었던 것은 아니다. 그러나 레이썸 보고서 이전의 노력들이 긍정적인 성과를 충분히 달성하지 못했던 근본적인 원인은 건설산업의 혁신이 발주자의 혁신 주도로부터 시작된다는 패러다임의 전환이 없었기 때문이었다고 평가되고 있다. 레이썸 보고서는 발주자가 혁신의 리더인 동시에 혁신의 대상이라는 패러다임 전환을 촉발시켰다는 측면에서 높이 평가될 수 있다. 특히 공공 발주자와 조달시스템 혁신의 출발점은 정부이기 때문에 정부가 이를 주도해야 한다는 메시지가 전달된 것이다.

이로 인해 레이썸 보고서는 영국 건설산업 혁신과 공공 조달혁신의 신호탄으로 평가될 수 있으며 1994년을 영국 건설산업의 혁신 원년(元年)이라고 표현해도 무리가 없을 듯하다.

레이썸 보고서의 핵심 메시지는 이것이다. 영국 건설산업에는 문제가 많다. 그래서 이미 보유하고 있는 역량도 충분히 발휘되지 못하고 있다. 민간 및 공공 부문 양쪽 다 문제다. 건설산업의 혁신이 시급히 요구되며 그 시작점은 발주자다. 민간 및 공공 발주자가 건설산업 혁신의 리더가 되고 자기 혁신을 먼저 하여야 한다.

명료하지만 강력한 메시지를 던져 준 것이다. 레이썸 보고서는 이후 전개되는 민관 공동의 혁신운동인 건설재인식 운동과 공공 조달혁신의 씨앗이 되었다.

※ 레이썸 보고서의 의의

레이썸 보고서는 기존 건설 조달 환경과 운영 실태를 중심으로 영국 건설산업의 비효율성에 관련된 현안과 문제점을 정부, 발주자 및 건설산업계가 공동으로 발굴하고 이에 대한 공감대를 형성할 수 있는 계기를 제공하였다는데 중요한 의미가 있다.

미래지향적인 방향성과 해결 방안의 마련은 현실에 대한 문제의식에서부터 출발한다. 비록 현실의 부정적인 측면을 진단하고 이를 인정하는 것은 어려운 과정이지만 현실의 비효율성에 대한 문제의식과 문제제기가 없이는 미래지향적인 노력을 위한 시작조차 어려운 일이다.

이러한 과정에서 건설산업의 비효율성에 관련된 현안과 문제점이 정부, 발주자 또는 건설산업계 한 편의 시각에서만 제기되어 상대편에게 일방적인 역할, 책임이나 리스크 등을 전가하는 것이라면 미래지향적인 공동의 대처방안을 모색한다는 것은 불가능하다.

건설산업의 비효율성의 문제는 정부, 발주자나 건설산업계 어느 한편의 비효율성으로부터 야기되는 것은 아니다. 문제의 원인 제공이 어느 한편에 기인하고 있는 것이 아니라면 이를 위한 해결도 공동의 노력을 통해 가능한 것이다. 따라서 한 국가 건설산업의 혁신운동은 해당 건설산업의 비효율성 및 비생산성과 관련된 현안과 문제점을 정부, 발주자 및 건설산업계가 공동으로 발굴하여 이에 대한 공감대를 형성하는 것이 전제되어야 한다. 혁신의 공감대 형성은 공동의 노력을 가능하게 하는 출발점이기 때문이다.

※ 레이썸 패러다임

건설산업의 혁신을 위한 시발점을 발주자의 혁신 관점에서 조명한 레이썸 보고서의 발상은 신선한 패러다임의 전환이다. 레이썸 보고서 이후 진행된 공공 조달혁신과 건설재인식 운동이 성공적으로 추진될 수 있었던 가장 큰 원동력은 발주자가 건설산업의 혁신을 위해 솔선수범하는 주체가 되어야 한다는 인식의 변화였다. 즉, '간단한' 패러다임의 전환이 혁신의 중요한 동력이 된다는 것을 주목할 필요가 있다.

건설사업의 성과는 건설산업계의 기술력과 수행능력에 의해 결정되며, 동일한 논리로 건설산업계의 효율성은 발주자의 효율성에 의해 결정되는 연쇄(chain) 관계를 가지고 있다. 즉, 건설산업의 우수한 성과는 건설산업계의 효율성에 의존하며 건설산업계의 효율성은 발주자의 효과적인 기능과 역할에 의해 결정된다는 것이다.

기존 패러다임은 건설사업의 좋은 성과를 위해서 어떻게 하면 건설산업계의 효율성을 향상시킬 것인가에 초점을 두고 있었다. 즉, 건설산업계의 기술력 향상이나 수행능력 향상을 도모하는 것이 혁신의 주안점이었다. 그러나 레이썸 보고서에서는 보다 전방위적인 패러다임을 제시하였다.

즉, 건실산업계의 효율성은 발주자의 효율성이 결정하며 따라서 건설산업의 혁신을 위한 출발점은 일류 발주자와 이를 뒷받침 해주는 일류 조달시스템이라는 것이다.

레이썸 패러다임이 건설산업의 혁신을 위한 건설산업계의 노력과 역할을 희석시키는 것은 아니다. 그러나 건설산업의 혁신은 발주자의 혁신 리더십을 통해 완성된다는 것을 강조한 것이 레이썸 패러다임의 핵심이다.

04 민관 파트너십을 구축하다

레이썸 보고서의 권고사항 중 하나는 영국 건설산업의 문제점과 혁신 현안을 해결하기 위해서는 정부, 발주자 및 건설산업계의 파트너십이 절대적으로 필요하고 이를 주도하기 위한 민관 공동 조직이 필요하다는 것이었다. 혁신은 일방통행으로 가능한 것이 아니라 이들 주체들 간의 참여와 협력이 전제되어야 하기 때문이다.

이에 부응하여 1995년 정부, 민간 및 공공 발주자, 건설산업계 주요 단체들이 함께 참여하는 건설산업위원회(CIB, Construction Industry Board)가 결성되었다.[13]

건설산업위원회(CIB)의 주요 활동은 레이썸 보고서의 주요 권고사항을 효과적으로 실천하기 위해 요구되는 정부, 발주자 및 건설산업계간의 협력 체계와 커뮤니케이션 채널을 제공하는 것이었으며 1998년 건설재인식 운동이 착수된 이후에는 이 운동을 민관 공동으로 지원하는 역할도 담당하였다.

건설산업위원회(CIB)의 주요 활동성과 중 하나는 1996년에 「30% 건설 생산성 향상을 향하여: Towards a 30% productivity improvement in construction」라는 혁신 전략 보고서를[14] 발간한 것이다.

13) 건설산업위원회는 2001년에 해체될 때까지 영국 건설산업 혁신을 위한 활발한 활동을 전개하였으며 해체 이후는 건설재인식 운동 관련 기관 · 조직들로 주요 업무들이 이관되었다. 대표적인 후신(後身) 조직의 예로는 건설산업전략포럼(Strategic Forum for Construction)을 들 수 있다.

14) Construction Industry Board(1996) Towards a 30% productivity improvement in construction.

이 보고서의 주요 내용과 특징은 레이썸 보고서에서 제안한 30% 원가절감의 목표 달성을 위한 20개 항목의 전략적 실천사항을 민관이 함께 고민하여 제안하고 있다는 것이다.

1. 건설산업 문화를 변화시켜라.
2. 명확하고 간결하면서도 구체적인 브리핑(briefing)[15] 의 기준을 도입하라.
3. 설계 및 시공 과정이 통합적으로 이루어 질 수 있도록 하라.
4. 팀웍과 파트너십을 적극적으로 증진하라.
5. 프로젝트 수행조직을 합리적으로 구성하라.
6. 정보기술 개발 및 활용을 위한 전(全) 산업적 표준을 확립하라.
7. '품질'[16] 이 설계 및 시공의 근본이 되도록 하라.
8. 리스크 매니지먼트 기술을 향상시켜라.
9. 보건 및 안전을 비용효과분석의 중요한 요소로 삼아라.
10. 자재/생산품, 구성부품(components), 생산과정을 표준화하라.
11. 설계단계에서 프리패브와 선조립의 활용을 반드시 고려하라.
12. 설계자는 구성 부품, 자재 등에 대한 지식 및 이해를 향상시켜라.
13. 설계자는 신기술에 대한 지식을 신속하게 확보하라.
14. 생애주기비용(LCC)을 고려하라.
15. 최저 비용을 추구한다는 명목으로 품질과 가치(value)를 희생시키지 말라.
16. 프로젝트의 매니지먼트 경험 및 관련 비용에 대한 정보를 지속적으로 설계자에게 피드백 시켜 활용하라.
17. 성과측정을 위한 벤치마킹을 실시하라.
18. 건설 전문가의 경험과 기술을 축적하여 초보 기술자 교육에서 활용하라.
19. 연구개발(R&D)에 적극 투자하라.
20. 대중 관계(public relations)를 위한 채널을 확보하라.

15) 브리핑(briefing)이란 사업 구상 및 기획 단계에서 발주자 요구사항(client's requirements) 및 해당 프로젝트의 제약 요건(constraints)과 기본 전략(basic strategies)을 발굴하고 정의하는 과정을 의미한다.
16) 단순한 무하자(zero defects)를 의미하는 것이 아니라 원가, 공기, 품질, 고객만족 등의 달성을 총체적으로 의미한다.

이들 20개 실천사항은 건설사업의 생산성 및 효율성 향상을 위한 조건인 동시에 건설산업의 혁신을 위한 어젠다이기도 하다. 이들 20개 실천사항은 이후 전개되는 건설재인식 운동과 공공 조달혁신에서도 반복되는 단골 항목으로 나타나고 있다. 이는 건설산업 혁신을 위한 주제는 이미 정해져 있다는 것을 시사한다. 결국 혁신을 위해 노력을 집중해야할 핵심 타깃 분야는 명료하다는 것이다.

비록 건설산업위원회(CIB)의 활동은 2001년에 중단되었지만 정부, 민간 및 공공 발주자, 건설산업계의 파트너십은 이후 다양한 형태의 조직으로 계승 발전되어 영국 건설산업의 혁신을 주도하고 있다.

정부, 발주자, 건설산업계의 파트너십. 건설산업의 혁신을 위한 필수조건 중 하나임을 인식한 결과라고 할 수 있다.

05 영국 정부가 혁신의 동력을 깨닫고 수용하다

※ 레빈 보고서

레이썸 보고서는 영국 정부에게 공공 조달혁신의 모티브를 주게 된다. 영국 건설산업이 보다 효율적 · 생산적으로 작동할 수 있음에도 불구하고 기존 조달 환경과 시스템의 문제점으로 인해 그 성과를 충분히 발휘하고 있지 못하다면 당연히 혁신이 필요하다는 동기가 부여된 것이다. 다시 말해, 공공 조달혁신을 통해 공공사업의 투자가치가 향상되고 국고가 절감된다면 정부가 나설 수밖에 없는 것이었다.

레이썸 보고서 이후, 존 메이저 수상의 지시에 의해 「정부 건설조달 효율성 조사위원회: Efficiency Scrutiny of Construction Procurement by Government」가 구성되었다. 이 위원회의 임무는 정부 조달 실태조사를 바탕으로 공공사업 투자가치 향상을 위한 교훈과 시사점을 발굴하고 조달혁신을 위한 실천사항을 제안하는 것이었다.

이 위원회의 활동 결과는 1995년에 「정부의 건설조달: Construction procurement by Government」로 명명된 일명 레빈 보고서(Levene Report)로[17] 발간되었다. 이 보고서는 레이썸 보고서의 후속편이며 공공 발주자 및 조달시스템 혁신의 현안과 실천사항을 22개 항목으로 제안하였다.

17) Levene, P (1995) Construction procurement by Government: An Efficiency Unity Scrutiny, HMSO.

❋ 공공사업의 성과가 부실하였는가?

레빈 보고서에 따르면, 약 2천 5백만 파운드(약 425억 원) 규모 이상의 20개 대형 사업을 대상으로 한 실태조사 결과, 평균 약 24%(총액 기준 약 8천 5백억 원) 정도의 공사비 초과가 발생하였으며 대부분의 사업에서 공기가 초과된 것으로 나타났다.

결론은 단순 명료하다. 공공사업의 성과부실이 심각하다는 것이다. 정부와 공공 발주자가 투자가치 달성에 실패하고 있으며 국고가 낭비되고 있다는 것이다.

영국 공공사업의 문제점을 적나라하게 보여주는 또 다른 사례는 1999년에 발간된 재정경제부(HMT, HM Treasury) 보고서를[18] 통해서도 제시되고 있다. 총 규모 8천 5백억 원에 달하는 66개 공공사업을 대상으로 한 조사 결과, 이들 사업 중 73%의 사업이 공사비를 초과하였고 70%의 사업이 공기를 초과한 것으로 나타나고 있다.

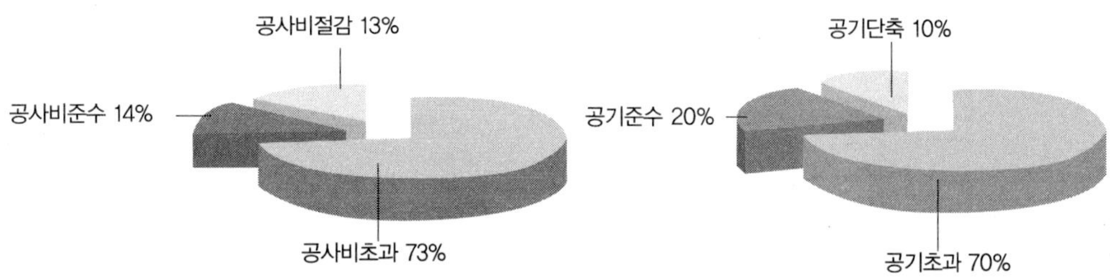

그림 2-5 **공공사업 성과 부실 사례** * 자료: HM Treasury

레빈 보고서와 재정경제부(HMT) 보고서를 통해 나타난 조사 결과는 충격적이었고 영국 정부가 주목하지 않을 수 없었다.

18) Agile Construction Initiative(1999) Benchmarking the Government Client State Two Study, HM Treasury.

※ 공공사업의 성과 부실에 대한 영국 정부의 인식과 대응

레빈 보고서에서는 공공사업 성과부실의 주요 원인을 건설산업계의 퍼포먼스 불량으로 진단하고 있다. 이 대목을 곡해(曲解)하면 마치 정부가 건설산업계에게 공공사업 성과부실의 책임을 전가하는 것처럼 들릴 수 있다. 레빈 보고서에 있는 몇 구절을 통해 이들은 공공사업 성과부실의 진짜 원인을 어떻게 진단하고 있는지 한번 살펴보자.

> *"레이썸 보고서에서 지적한 바와 같이 영국 건설산업은 불량한 상태(in poor shape)이며 타(他) 산업부문과 비교하여 개선의 여지가 너무도 많다. 그러나 건설산업의 주요 고객으로서 정부는 이러한 비판으로부터 자유로울 수 없다. 건설산업의 (잘못된) 행태는 정부와 공공 발주자의 (잘못된) 행태의 거울(reaction)이기 때문이다. 건설산업을 변화시키려면 정부와 공공 발주자가 우선적으로 자신의 행태(behaviour), 업무방식(practice)과 절차(procedures)를 변화시켜야 한다. 이 (혁신의) 이슈는 일방통행(one-sided)이 아니기 때문이다"*

이 대목만으로도 어느 쪽에 무게 비중을 두고 성과부실의 원인을 진단하고 있는지 쉽게 판단할 수 있다. 한 가지 상기시키자면, 이러한 비판은 일개 학자나 건설산업계에 의해 제기된 것이 아니라 정부의 자성(自省)적인 비판이었다는 것이다. 이러한 기본 시각은 이후 진행되는 공공 발주자 및 조달시스템 혁신에 밑바탕이 되었다는 것은 두말할 나위도 없다.

만일 영국 정부가 공공사업 성과부실의 주범을 건설산업계라고 지목하고 인식하였다면 아마도 건설산업계를 '괴롭히는' 각종 규제와 처벌의 후속 조치가 뒤따랐을 것이다. 그러나 결과는 정 반대로 나타났다. 정부와 공공 발주자 스스로를 '괴롭히는' 즉, 자신이 혁신의 과정과 고통을 감수해야 하는 정책과 제도가 등장하기 시작한다. 혁신의 출발점이 어디인지 명확하게 보여주는 대목이다.

만일 혁신의 대상을 '남' 이라고 지목하는 순간 '자신' 의 혁신은 물 건너가게 된다. 건설시장의 리더인 발주자에 문제가 있다고 인식하는 것과 추종자인 건설산업계에 문제가 있다고 인식하는 것 중 과연 어느 쪽이 혁신을 실현 가능하게 하는지는 너무도 자명하다.

건설산업계보다 더 아픈 발주자. 이것을 인정해야 비로소 건설산업의 혁신을 위한 올바른 출발점이 설정되는 것이다.

이 대목에서 다시 한 번 리더십의 속성을 짚어보자. 지금 눈앞에 한 뼘 길이의 가느다란 실이 있다고 상상해 보자. 그리고 그 실을 자기가 마음먹은 방향대로 움직이도록 해보자. 우선 그 실을 뒤에서 밀면서 자기가 의도하는 방향으로 가도록 시도해보자. 성공하지 못할 것이다. 실이 굽어지면서 전혀 엉뚱한 방향으로 움직이게 될 것이다.

이번에는 그 실은 자기가 의도하는 방향으로 앞에서 끌어보자. 성공할 것이다. 자기가 이끄는 방향대로 실은 따라올 것이다. 이것이 리더십이다.

정부와 공공 발주자가 공공사업의 성과부실을 건설산업계의 탓이라고 미루고 혁신시키고자 뒤에서 민다면 엉뚱한 결과가 나오게 될 것이다. 하지만 정부와 공공 발주자가 올바른 방향을 제시하고 스스로 앞서 니가면시 건설산입계를 앞에서 끌어준다면 혁신은 성공할 것이다. 이것이 바로 정부와 공공 발주자의 리더십이다.

조달 베스트프랙티스에 대한 이해와 실천 의지, 실천을 뒷받침 할 수 있는 역량과 조달시스템을 갖춘 발주자. 문제없이 무난하게 공공사업을 시행하는 것이 아니라 건설산업계에게 올바른 것을 눈높이 있게 까다롭게 요구하는 것. 이것이 바로 공공사업의 투자가치 달성을 가능하게 하는 정부와 공공 발주자의 리더십이라는 것을 다시 한 번 강조하고 싶다.

레빈 보고서에서는 건설산업 혁신의 동력이 정부와 발주자에게 있다는 것을 인정하고 고백하였다. 자성(自省)이 없는 혁신은 엉뚱한 출발점에서 시작하게 된다. 애꿎은 산업계만 괴롭히고 혁신의 성과도 없을 것이다.

영국 정부가 왜 공공 조달혁신에 관심을 갖게 되었는지 다시 한 번 짚어보자. 공공 조달혁신이 정부의 예산을 절감시켜 줄 수 있다고 확신했기 때문이다. 나랏돈을 절감시켜 줄 수 있다면 정부와 공공 발주자가 먼저 변하겠다는 선택이었던 것이다. 동시에 건설산업계 혁신이라는 시너지 효과가 있다고 믿었기 때문이다. 두 마리 토끼를 다 잡기 위한 선택이었다.

※ 공공 건설사업, 무엇이 문제였는가?

레빈 보고서의 주요 내용은 22개 혁신 권고사항으로 압축될 수 있다. 이는 공공 발주자 및 조달시스템 혁신을 위한 실천사항인 동시에 뒤집어 생각하면 공공사업에서 어떤 문제점이 있었는지 가늠할 수 있다. 이들 권고사항을 쉽게 이해할 수 있는 용어로 '단순하고 거칠게' 요약 정리해서 표현하면 다음과 같고 이를 통해 그들이 지니고 있었던 문제점도 한번 유추해 보자.

- 일류 발주자란 어떤 발주자이어야 하는지 이해하고 학습하라.
- 발주자는 건설사업을 맡겨두고 뒤로 한발 물러서 있는 주체가 아니다. 건설사업의 적극적인 리더가 되라.
- 발주자측 인원이라는 이유만으로 아무나 발주자측 사업관리 책임자로 임명하지 마라. 사업관리 역량과 경험을 갖추고 해당 사업에서 리더십을 발휘할 수 있는 사람이 발주자측 사업관리 책임자가 되어야 한다.
- 건설산업계가 제공하는 상품과 서비스에 대해서 까다롭고 고품질을 요구하라.
- 무난한 사업자가 아니라 제대로 된 사업자를 선정하라. 그들의 퍼포먼스를 까다롭게 평가하고 관리하며 지속적인 성과향상을 요구하라.
- 갑 · 을 관계가 아닌 협력 관계를 구축하고 통합된 팀으로서 팀웍을 바탕으로 함께 일하라.
- 제일 싸구려가 제일 경제적이라는 인식을 버려라.
- 발주자가 똑똑해야 건설산업계를 똑똑하게 활용할 수 있다.
- 발주자가 똑똑해지는 방법은 스스로의 역량을 향상시키거나 전문가의 도움을 받는 것이다.
- 사업 승인을 받기 위한 목적으로 '눈가림용' 공사비와 공기 목표 등을 제시하지 말고 건설사업에 내재되어 있는 리스크를 과소평가하지 말라.
- 공공 건설사업에 대해 보다 상업적 마인드(commercial mind)를 가져라.

레빈 보고서의 주요 메시지는 단순 명료하다. 첫째, 눈높이가 높은 까다로운 건설고객이 될 것. 둘째, 똑똑한 발주자가 될 것. 셋째, 일류 조달시스템을 갖출 것이다.

공공사업의 성과부실에 대한 원인을 진단한 다른 보고서의 내용도 한번 살펴보자. 영국 감사원(NAO: National Audit Office) 보고서에서는 공공사업 성과부실의 원인을 각 주체별 · 현안별로 다음과 같이 진단하고 있다.[19]

표 2-1 공공사업 성과부실 주요 원인

	발주자	디자이너	일반건설업체	전문건설업체
조달	• 최저가 위주의 낙찰자 선정	• 저가 입찰	• 저가입찰	• 저가입찰
브리핑 및 시방서	• 부실한 브리프(brief) • 비현실적인 사업계획 · 타당성 • 규범적 시방	• 사용자 니즈에 대한 이해 부족과 시공성 고려 미흡	• 시방서 취약점에 대한 문제제기 회피	
설계 및 계획	• 잠재 대안에 대한 제한적 이해 • 가치 매니지먼트(value management) 대한 이해 부족 • 표준화 및 프리패브에 대한 이해 부족 • 프로젝트 팀과는 유리된 디자이너 선정: 통합 팀 구성 실패 • 때 늦은 설계 요구사항 변경	• 디자인팀 간의 통합성 취약 • 설계와 시공의 통합성 미흡 • 시공의 비효율성이나 안전사고를 유발하는 부실 디자인 • 가치 매니지먼트 활용 미흡 • 표준화 및 프리패브(prefab) 활용에 대한 거부감	• 설계단계 참여기회 제한 • 가치 매니지먼트 활용 미흡 • 표준화 및 프리패브 활용 미흡	• 설계단계 참여기회 제한 • 가치 매니지먼트 참여 기회 제한
프로젝트 관리	• 사업관리기술 취약 • 적극적인 리스크 관리보다는 회피 · 떠넘기기 태도 • 계약적 · 적대적 관계에 의존한 문제 해결 태도	• 통합 프로젝트팀 접근 방식에 대한 거부감 • 리스크 관리에 대한 이해 부족 • 진정한 의미의 원가 개념 부족	• 사업관리기술 취약 • 리스크 관리 능력 취약 • 계약적 · 적대적 관계에 의존한 문제 해결 태도 • 협력업체 기성지급 지연 • 진정한 의미의 원가 개념 부족	• 기성지급 지체에 따른 캐시플로우(cash flow) 불량

19) National Audit Office(2001) Modernising Construction.

레빈 보고서와 감사원(NAO) 보고서를 통해 영국 공공사업의 문제점을 파악할 수 있었다면 이 질문을 한번 생각해 보자. 이런 문제점이 그들만의 이야기로만 들리는지 아니면 전혀 생소하지 않은 우리 이야기처럼도 들리는지?

만일 우리와 무관하지 않은 이야기로 들린다면 아이러니하게도 다소 마음에 '위안'을 삼아도 좋을 듯하다. 최소한 우리와 비슷한 문제를 가진 가지고 있는 사례가 또 있으니 최소한 외롭지는 않을 것 같다. 그렇다면 동병상련(同病相憐)의 마음으로 이들은 어떻게 문제를 극복하고 있는지 한번쯤 짚어보는 것이 의미가 있지 않을까?

물론 영국과 한국은 이런 저런 상황이 다르다는 이유로 그냥 묻어 버릴 수도 있다. 흔히 등장하는 '코리안 스탠더드' 얘기다. 우리 실정에 적합한 정책과 제도 그리고 실무 시스템을 부정하는 것은 아니다.

그러나 '우리 실정에 맞는'이라는 전제를 달아 '발전적 응용' 보다는 '퇴보적 응용'을 하는 나쁜 습관이 나올까봐 걱정이 먼저 앞선다. 혁신을 위한 용기 부족과 복잡한 이해관계에 발목이 잡혀 출발은 혁신이었지만 도착점은 '좋은 게 좋은' 무난한 야합(野合)이 될까봐 걱정이 앞서기 때문에 하는 말이다.

만일 우리 정부가 공공 예산을 마냥 펴 줄 수 있는 여유가 있고, 공공사업의 투자가치 달성이 그다지 심각한 이슈가 아니며, 적당히 나누어 먹는 공공사업 '잔치'를 벌일 요량이라면 우리와 비슷한 문제가 있었더라도 영국 얘기는 이쯤에서 접는 게 '분위기 파악' 상 맞는 것 같다.

만일 그렇지 않다면 또한 그들의 혁신 해법이 작동해서 공공사업의 투자가치가 향상되고 공공 예산이 절감되며 동시에 건설산업이 혁신되고 있다면 영국과 한국의 다른 모습만을 부각시켜 그냥 묻어 둘 일이 아니다.

만일 현재 우리 체질이 성공적이고 검증된 혁신의 해법을 소화해내기에 적합하지 않다면 체질을 바꿔야 할 일이지 해법을 버릴 일이 아니기 때문이다. 최소한 공공 투자가치 달성, 공공 예산 절감 그리고 건설산업 혁신이 우리에게 중요한 과제라면 말이다.

06 건설을 다시 생각하자

※ 이간 보고서

레이썸 보고서와 레빈 보고서 발간 이후, 재정경제부(HMT) 주도하에 공공 조달혁신 노력이 진행되는 과정 중에 이를 가속화하는 계기가 1998년에 마련된다. 이간 보고서(Egan Report)[20]가 계기가 된 건설재인식(Rethinking Construction) 운동의 착수이다.

이간 보고서의 원제(原題)는 「Rethinking Construction: 건설을 다시 생각하자」이며 영국 건설산업 민간 및 공공 부문의 대대적인 혁신운동인 건설재인식 운동을 착수시킨 매우 영향력 있는 보고서이다. 이 운동의 생명력은 현재에도 컨스트럭팅 엑셀런스(Constructing Excellence) 운동으로 이어지고 있다.

이간 보고서에서는 제목이 표방하는 바와 같이 영국 건설산업은 새로운 사고방식(rethinking)으로 다시 태어나야 한다고 강력하게 주장하고 있다. 즉, 부분적인 개선이 아니라 혁신적인 변화(radical changes)를 촉구하는 것이었다. 이를 통해 영국 건설산업의 퍼포먼스를 향상시키고 생산성과 효율성을 제고하며 궁극적으로는 건설고객(발주자)에게 만족할 만한 서비스가 제공되어야 한다는 것이다.

이간 보고서는 주요 민간 발주자의 주도 하에 작성된 보고서이다. 과거 영국 건설산업계가 발주자에게 제공해온 서비스에 대해 발주자들이 불만족스럽게 생각하여 왔으며 이들 불만

20) Egan, J. (1988) Rethinking Construction, Department of the Environment, Transport and the Regions.

족한 발주자들은 건설산업의 기존 관행, 인식, 건설생산 체계 및 방식 등에 대한 혁신적인 변화의 필요성을 절감하게 되었다. 이에 민간 발주자들이 건설산업의 혁신을 촉구하고 나선 것이다. 민간 발주자들에 의한 '소비자 운동'이 시작된 것이다.

비록 레이썸 보고서와 레빈 보고서가 공공부문의 혁신을 위한 물꼬를 트기는 했지만 건설산업 혁신에 대한 건설산업계의 호응이나 참여가 민간 발주자의 기대수준에는 미치지 못하는 것으로 인식되었다.

이에 1997년 건설산업의 주요 민간 발주자들이 참여하는 건설태스크포스(Construction Task Force)가 조직되어 건설산업계의 퍼포먼스 향상과 베스트프랙티스 실천을 요구하고 나섰으며 이와 관련된 전략과 권고사항들이 이간 보고서를 통해 제시되었다.

시장의 중심이 공급자(건설산업계)에서 수요자(발주자)로 이동하였으며 고객을 만족 · 감동시키지 않고서는 비즈니스에서 성공할 수 없다는 현대 시장(modern market)의 특성을 고려해 볼 때 건설시장의 주요 고객인 민간 발주자의 개혁 요구는 간과 될 수 없는 주요 사건으로 인식되었으며 많은 반향을 불러 일으켰다.

이간 보고서의 두드러진 특징은 레이썸 보고서 및 레빈 보고서와 마찬가지로 발주자가 건설산업계의 베스트프랙티스 실천과 퍼포먼스 향상을 요구하는 동시에 발주자 역시 이를 주도하고 수용할 수 있는 리더십을 갖추도록 변화해야 한다는 인식에 바탕을 두고 있다는 점이다.

즉, 이간 보고서 역시 건설산업계의 일방적인 혁신을 요구한 것이 아니라 발주자가 혁신의 리더이자 대상이 된다는 것을 강하게 어필하고 있다. 민간 발주자가 주도하여 영국 건설산업의 혁신을 주도하겠다는 의지의 표명은 건설산업 전체에 매우 강한 메시지를 주게 되었다.

이간 보고서는 정부, 민간 및 공공 발주자, 건설산업계가 공동으로 참여하는 전(全) 산업적인 혁신 운동을 촉발시키는 계기를 제공하게 된다. 또한 혁신의 주제도 조달 환경이나 시스템에 국한된 것이 아니라 보다 광범위하고 총체적인 건설산업의 퍼포먼스 향상이라는 주제로 확장되었다.

✲ 이간 보고서의 주요 내용

이간보고서의 주요 내용을 한번 살펴보자.

- 영국 건설산업은 세계 어느 나라의 건설산업과 비교하여도 손색이 없을 만큼 최고의 능력을 보유하고 있다. 그럼에도 불구하고 영국 건설산업이 그 역량을 충분히 발휘하고 있지 못하고 있음을 우리는 깊이 우려하고 있다.
- 건설산업이 최대의 역량을 발휘히기 위해서는 기존 건설 문화와 구조에 근본적인 변화가 일어나야 한다.
- 건설산업에 대한 우리의 기대(ambition)는 타(他) 산업분야 및 건설산업 내에서 이미 성취된 변화와 개선에 대한 우리의 경험을 통해 설정된 것이다. 이러한 혁신이 건설산업 전반에 걸쳐 이루어지는 것이 가능하다고 확신하고 있다.
- 우리는 건설산업의 혁신적인 변화를 주도할 수 있는 5대 혁신추진동력(key drivers for change)을 제안한다.
- 우리는 영국 및 해외의 우수 사례와 경험을 바탕으로 매년 10%의 원가절감 및 공기단축, 매년 20% 하자감소 등의 7대 개선목표(targets for improvement)를 제안하며 이들 목표의 달성 여부를 평가할 수 있는 성과측정 방법이 개발 및 활용되어야 한다고 제안한다.
- 이러한 목표를 달성하기 위해서 건설산업은 기존 건설생산과정의 혁신을 추구해야 하며 4개 부문에서 통합적이고 체계적인 생산(improving the project process)이 이루어져야 한다.
- 건설산업의 혁신을 위해 공공 부문의 역할은 매우 중요하다. 건설산업의 혁신을 위해 정부 스스로 일류 발주자가 되기 위한 노력을 경주해야 한다.
- 결론적으로 우리는 건설산업의 혁신을 위한 민관 공동의 운동(movement)을 제안하며 정부와 건설산업계의 동참을 권고한다.

※ 건설재인식 운동의 전략

이간 보고서의 핵심 내용 중 하나는 건설산업 혁신을 위한 「5-4-7 전략」을 제안한 것이다. 이는 건설태스크포스(Construction Task Force)가 영국, 미국 등의 일류(leading companies) 제조회사와 건설관련 기업을 대상으로 벤치마킹한 결과를 토대로 제안한 것이며 건설재인식 운동의 기본전략이 되었다. 요약하면 5대 혁신추진동력, 4대 건설생산 개선부문, 7대 개선목표를 의미한다.

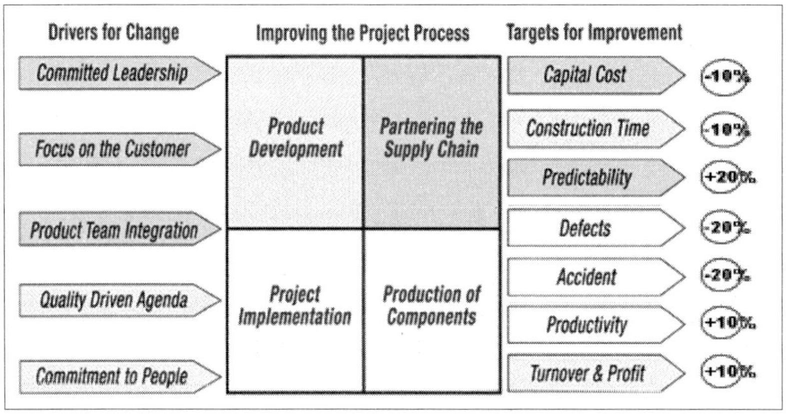

그림 2-6 건설재인식 운동의 5-4-7 전략 * 자료: Egan Report

5대 혁신추진동력이란 건설산업의 혁신적인 변화를 가능하게 하는 추진력을 의미한다. 헌신적인 리더십, 고객중심 사고, 건설 생산팀 통합, 품질 중심 경영, 인적자원에 대한 헌신 등이다.

표 2-2 건설재인식 운동의 5대 혁신추진동력

개혁추진력	주요 내용
헌신적인 리더십 Committed Leadership	조직의 개혁에 대한 상위 관리자의 신념과 헌신
고객중심사고 Focus on the Customer	고객을 위한 가치창조를 중시하는 사고
건설 생산팀 통합 Product Team Integration	건설 생산과정 및 생산팀의 통합화
품질 중심 경영 Quality Driven Agenda	공사비, 공기, 품질 목표의 달성을 통해 고객감동을 실현할 수 있는 총체적인 의미의 '품질' 중심 경영
인적자원에 대한 헌신 Committment to People	인적자원에 대한 신뢰, 투자 및 헌신

4대 건설생산 개선부문이란 건설사업의 효율성 및 생산성 향상을 위해 개선이 필요한 부문을 말한다.

표 2-3 건설재인식 운동의 4대 건설생산 개선부문

개선 부문	주요 내용
건설사업물 개발 Product Development	발주자의 수요 및 요구사항에 대한 명확한 이해를 바탕으로 하여 고객의 기대수준을 능가할 수 있는 건설사업물의 개발
공급연쇄 파트너링 Partnering the Supply Chain	신뢰 및 팀웍을 바탕으로 건설서비스 제공자와의 장기적인 협력관계 구축
프로젝트 실행 Project Implementation	건설사업물의 성능향상과 건설서비스 제공자의 수행능력을 극대화 시킬 수 있는 프로젝트 기획, 실행 및 성과측정
생산요소 관리 Production of Components	건설사업물 생산요소의 기능성 향상 및 표준화

마지막으로 7대 개선목표란 일명 'Egan Target' 으로 알려진 7개 부문의 연간(年間) 목표치를 의미하며 건설사업비 절감, 공기 단축, 하자 감소, 예측도 향상, 안전사고 감소, 이윤 향상, 생산성 향상 등이다.

표 2-4 **건설재인식 운동의 7대 개선목표**

목표 부문	년간 달성 목표
건설사업비 (capital cost)	−10% (절감)
공기 (construction time)	−10% (단축)
예측도 (predictability)	+20% (향상)
하자 (defects)	−20% (감소)
안전사고 (accidents)	−20% (감소)
생산성 (productivity)	+10% (향상)
매출 및 이윤 (turnover & profits)	+10% (향상)

건설재인식 운동에서 제안하고 있는 「5-4-7 전략」의 핵심은 건설산업의 혁신적인 변화를 가능하게 하는 5대 추진력을 바탕으로 4개 부문의 생산과정을 개선하는 과정을 통해 7개 부문의 목표를 달성하자는 것이다.

보다 세부적인 주제로는 혁신을 위한 15대 베스트프랙티스 분야를 발굴하고 이에 주력하자는 것이다. 따라서 「5-4-7 전략」의 핵심 내용을 15대 추진분야(주제)에 대한 베스트프랙티스 실천을 통해 연간(年間) 7대 목표를 달성하자는 것으로 파악하면 쉽게 이해될 수 있다.

표 2-5 **건설재인식 운동의 15대 베스트프랙티스 추진분야**

주 제	비 고
Briefing the Team	사업초기단계 기획
Value Management	가치 관리 · 경영
Risk Management	리스크 매니지먼트
Benchmarking	성과측정 및 벤치마킹
Information Technology	정보통신기술
Whole Life Costing	생애주기비용
Culture and People	건설산업 문화 및 인적자원
Lean Construction	린 건설
Health and Safety	건설 보건 및 안전
Choice of Procurement Route	조달시스템
Integrating Design and Construction	설계 및 시공 통합화
Sustainable Construction	지속가능한 건설
Supply Chain Management	공급연쇄 매니지먼트
Partnering and Team Development	파트너링 및 팀워크
Standardization and Pre-assembly	표준화 및 선조립화

※ 이간 보고서의 의의

이간 보고서의 가장 큰 의의는 건설산업 혁신운동의 방향성, 추진 분야, 달성 목표를 「5-4-7 전략」이라는 정형화된 모델로 제시함으로서 혁신운동을 실천적으로 추진할 수 있는 기본틀을 제공하였다는 것이다. 「5-4-7 전략」은 영국 건설산업의 혁신을 위한 '청사진(blue print)' 또는 '비전모델(vision model)' 로서 정부, 민간 및 공공 발주자, 건설산업계가 공동의 노력을 집중해야 할 명확한 대상과 목표점 그리고 비전을 제공한 것이다.

「5-4-7 전략」과 같은 비전모델은 건설산업의 혁신을 위해 정부, 발주자 및 건설산업계가 어떠한 추진력을 갖추어야 하며 어느 부문을 중심으로 이를 추진해야 하는 지에 방향성을 설정하는 데 있어 매우 유용하다.

특히 정량적인 목표치를 제시함으로써 건설사업의 성과측정을 통해 혁신 노력이 어느 정도의 성과를 거두고 있는지에 대한 객관적인 평가를 제안한 것도 매우 흥미로운 점이라고 할 수 있다. 이간 보고서를 계기로 건설사업의 성과측정을 위한 도구로서 다양한 성과측정지수(KPI)가 개발되어 영국 건설산업에서 활용되기 시작하였다.

한 국가의 건설산업 혁신이라는 미래지향적인 공동의 노력을 경주하기 위해서는 정부, 발주자 및 건설산업계가 그 역량을 집중할 수 있는 비전 모델의 개발은 필수적이다. 이미 논의한 바와 같이 건설산업의 혁신을 위한 첫 걸음은 건설산업의 비효율성 및 비생산성에 대한 정부, 발주자와 건설산업계 공동의 문제제기, 공감대 형성이며 그 다음 단계는 혁신을 위한 비전모델을 개발하는 것이다.

정부, 발주자 및 건설산업계 또는 건설산업계 내부의 다양한 업역단체들이 함께 공감대를 형성할 수 있는 비전모델을 개발한다는 것은 결코 쉬운 작업이 아니다. 그러나 한 국가의 건설산업의 혁신은 정부, 발주자, 건설산업계 공동의 노력을 전제로 하는 것이며 이러한 노력이 체계적으로 진행되고 결실을 맺기 위해서는 공동의 노력을 가이드하고 집중할 수 있는 비전모델은 필수적인 전제조건이다. 비전모델 없는 건설산업의 혁신은 현실성 없는 몽상(夢想)에 불과할 뿐이다.

✲ 건설재인식 운동의 성과

건설재인식 운동의 성과를 평가하는 가장 객관적인 방법은 KPI(Key Performance Indicator)를 통한 성과측정 결과를 연도별로 비교하는 것이다. KPI는 건설사업의 성과 향상 정도를 다면평가하기 위해 개발된 성과측정지수로써 건설재인식 운동의 추진과정에서 개발된 산물이다. 다양한 지표 중 가장 대표적인 지표들을 통해 건설재인식 운동의 성과를 살펴보면 다음과 같다.

표 2-6 건설재인식 운동의 성과(1999-2006) * 자료: DTI & Constructing Excellence

KPI	측정 척도	1999	2000	2001	2002	2003	2004	2005	2006
고객 만족도 (시설물)	고객만족도 점수 8점 이상 사업의 백분율 (10점 만점)	72%	73%	72%	73%	78%	80%	83%	84%
고객 만족도 (서비스)	고객만족도 점수 8점 이상 사업의 백분율 (10점 만점)	58%	63%	63%	65%	71%	74%	77%	79%
설계비 예측도	설계비 준수 사업 백분율	65%	64%	63%	63%	65%	62%	63%	66%
공사비 예측도	공사비 준수 사업 백분율	37%	45%	48%	50%	52%	49%	48%	44%
설계기간 예측도준수	설계기간 사업 백분율	27%	37%	41%	46%	53%	55%	52%	57%
시공공기 예측도	시공공기 준수 사업 백분율	34%	62%	59%	61%	59%	60%	62%	60%
건설기업 이윤	매출액 대비 이윤율	-	4.4%	5.1%	5.2%	5.4%	7.0%	8.1%	7.9%
공사비	전년도 대비 변화율	-3.0%	-2.0%	3.0%	2.0%	5.0%	1.1%	-0.8%	-0.8%
시공공기	전년도 대비 변화율	-	3.0%	1.0%	4.0%	1.0%	-1.7%	1.3%	0.1%

연도별 다양한 KPI를 통해 살펴볼 수 있듯이 건설재인식 운동은 1998년 착수 이후 현재까지 지속적으로 건설산업의 효율성 및 생산성 향상에 기여하고 있음을 확인 할 수 있다.

※ 공공 조달혁신에 끼친 영향

1994년 레이썸 보고서 발간 이후 진행되었던 공공 조달혁신 노력은 1998년 이간 보고서의 발간과 건설재인식 운동의 착수로 더욱 가속화된다. 대표적인 예로, 건설재인식 운동의 중앙정부 버전(version)인 일류 건설(Achieving Excellence in Construction) 프로그램이 1999년에 착수된다.

특히 이간 보고서상의 내용 중 공공 조달혁신에 직접적으로 영향을 주었던 주요 혁신 원칙들은 다음과 같으며 후속 장에서 제시된 사례들을 살펴보면 이 혁신 원칙들이 반복적으로 나타나고 있다는 것을 발견할 수 있다.

- 최고가치(best value)를 달성할 수 없게 하는 전통적인 사업자 선정 프로세스는 급진적으로 변해야 한다.
- 대립적인 관계를 협력적인 관계로 전환시킬 수 있는 건설사업 시행 문화와 프로세스로 변화하여야 한다.
- 사업초기 단계에서부터 발주자와 공급자로 구성된 통합 프로젝트 팀이 구성되고 프로젝트 전(全) 단계에 걸쳐 활동해야 한다.
- 계약은 모든 주체의 상호 이익(mutual benefits)을 달성할 수 있도록 체결되어야 하고 생애주기비용 접근방식에 기반을 두어야 한다.
- 공급자는 최저가가 아닌 최고가치에 의해 선정되어야 한다.
- 지속적인 개선을 위해 성과측정이 반드시 이루어져야 한다.

현재 건설재인식 운동은[21] 컨스트럭팅 엑셀런스 운동으로 개명(改名)되어 진행되고 있으며 영국 건설산업의 대표적인 혁신 운동으로 평가받고 있다.

21) 건설재인식 운동에 관한 자세한 사항은 이미 발간된 「영국 건설산업의 혁신전략과 성공사례, 김한수, 한미파슨스, 보성각, 2003」에 수록되어 있다.

07 공공 예산의 효율적 집행을 요구하다

1998년 건설재인식 운동이 착수되는 시점에, 영국 정부의 공공 예산 효율화 정책이 시행되면서 공공 조달혁신이 더욱 강력하게 추진되어야 하는 자극이 주어진다. 토니 블레어 수상에 의해 추진된 이 정책은 1998년 「예산 지출 심층 분석 보고서: Comprehensive Spending Review」를 통해 발표되었으며 공공 서비스 향상 및 공공 재정 운영의 효율화를 기본 골자로 하고 있다.

이 정책에 의하면 각 정부 부처는 재정경세부(HM Treasury)와 3년 단위로 공공 서비스 협약(PSA, Public Service Agreements)을 체결해야 한다. 공공 서비스 협약(PSA)의 주요 내용은 각 정부 부처의 전략 목표(high-level aim), 우선순위 목표(priority objectives) 및 주요 성과목표(key outcome-based performance targets)등 이다.

각 정부 부처는 공공 서비스 협약(PSA)에 준하여 담당 부처 업무를 시행해야 하며 협약에 제시된 성과목표를 달성해야 한다. 즉 공공 예산이 효율적으로 사용되고 업무 성과가 지속적으로 향상 및 달성 되는지를 평가 받아야 하는 것이다.

이러한 정책이 시행된 배경은 토니 블레어 수상이 이끄는 '新' 노동당 정부의 탄생과 밀접한 관련성을 지니고 있다.

표 2-7 공공 서비스 협약의 구성 체계

구 성	내 용
최종 목표 (Aim)	해당 정부 부처가 궁극적으로 지향하고자하는 최상위 수준의 목표
세부 목표 (Objectives)	해당 정부 부처의 세부 달성 목표
성과달성 타깃 (Performance targets)	각 세부 목표의 달성 여부를 측정할 수 있는 성과 목표치
투자가치 (Value for Money)	투자가치 또는 예산 집행의 효율성 달성을 위한 목표
책임과 역할 (Roles and responsibilities)	공공 서비스 협약을 집행하기 위한 조직 및 수행 체계

영국은 1990년도 중반에 접어들면서 보수당의 장기집권에 따른 후유증과 과도한 복지정책, 노동시장의 경직성, 효율성 저하로 상당한 침체기에 직면하게 되었다. 이때 전통적인 좌파 이데올로기 대신 경영학 이론을 선호하고, 실용주의 노선을 기반으로 하며, 특히 조세의 인상 없이 행정 서비스를 개선하겠다는 공약을 통해 토니 블레어가 1997년 5월 1일 영국의 새로운 총리로 당선되었다.

토니 블레어 총리가 이끄는 신노동당 정권은 높은 세금이 사회적 정의이며 더 나은 공공 서비스를 창출한다는 과거 전통적인 노동당 정책의 기조를 폐기하였다. 대안으로 공공 예산 집행의 효율성을 높이기 위해 국가와 민간 부문을 조화시키고, 퍼포먼스와 성과 결과에 대한 체계적인 감시를 통해 공공 서비스에 성취문화 또는 업적주의를 도입하여 공공 서비스 부문의 구조개혁을 단행하게 된다.

즉, 공공 서비스 부문의 구조개혁, 재정의 과잉 지출을 지양하고 균형예산 유지, 경제 정책의 성공을 위한 민관의 협력관계 구축, 투자가치(Value for Money) 달성 등이 주요 경제 정책으로 채택되게 된다. 이는 사회적 보호를 제공하되 경쟁력을 갖춘 현대화되고 발전된 복지국가라는 신노동당 비전에 기인한 것이다.

우연인지 필연인지 토니 블레어 수상의 신노동당 정책은 1994년 레이썸 보고서 이후 지속적으로 제기되었던 공공 조달혁신의 키워드와 매우 일치하고 있다. 공공사업 성과측정 도입, 민관 파트너십 구축, 투자가치 달성 등이 가장 대표적인 예라고 할 수 있다. 결과적으로 토니 블레어 수상의 공공 부문 개혁 정책이 공공 조달혁신을 위한 정책적 기본틀이 된 것이다.

토니 블레어 수상이 여기저기에서 건설재인식 운동이나 공공 조달혁신을 높이 평가하고 힘을 실어 준 것도 따지고 보면 자신의 정책 코드와 일치되었기 때문이라는 생각도 이 책을 집필하는 과정에서 들게 되었다.

08 혁신은 동기와 숙성 과정을 필요로 한다

혁신에는 동기(動機)가 필요하다. 과거의 불합리한 것에 안주하려는 관성(慣性)도 깨어져야 한다. 영국 공공 조달혁신의 동기 부여는 자각(自覺)과 반성을 통해서였다.

실태조사를 통해 공공 건설사업의 효율성에 문제가 있었다고 진단하였다. 공공 건설사업이 투자가치 달성에 실패하였고 국고가 낭비되었다는 것을 과감하게 인정하였다. 이런 고백이 쉽지만은 않았을 것이다. 용기가 있었거나 아니면 국고를 절감해야하는 절박한 사정이 있었을 것이다.

의사가 치료하기 제일 어려운 환자는 자신이 아프다는 것을 인정하지 않는 환자라고 한다. 자신이 아프다는 것을 인정하지 않는 환자에게 명약(名藥)의 가치를 어떻게 설득할 수 있겠는가?

이런 궁금증이 생긴다. 우리 공공 건설사업의 성과를 진단한다면 과연 어떤 결과와 수치가 나올지. 정부가 용기를 내어서 한번쯤 반드시 시도해 보아야 할 과제이다.

만일 우수한 성과를 내고 있다고 진단된다면 우리 공공 건설부문이 영국 보다 앞서 있다고 긍지를 갖는 계기가 될 것이다. 만일 그 반대의 결과가 나온다면 이제 우리도 아프다는 것을 인정해야 할 것 같다.

공공사업의 성과 부실이나 비효율성을 진단하다 보면 이런 저런 이유가 있을 것이다. 귀담아 들어야 한다. 혁신의 주제를 발굴하기 위한 좋은 소스(source)가 될 것이다.

혁신의 동기(動機)를 찾고 과거의 불합리한 것에 안주하려는 관성(慣性)을 깨기 위해서는 고통스럽지만 현(現) 상태를 정확하게 진단하는 것은 피할 수 없는 과정이다. 만일 공공 건설사업의 성과 부실이 건설산업계가 제대로 일을 못한 결과라면 그것을 바로 잡도록 요구해야 한다. 당연한 소비자(발주자)의 권리이다. 또한 국민의 혈세를 선량하게 관리해야 하는 정부와 공공 발주자의 의무이기도 하다.

그러나 잊지 말아야 할 것이 있다. 건설산업계가 제대로 일을 못한 원인 제공자가 혹시 정부와 공공 발주자는 아니었는지도 반드시 짚어보아야 한다. 그래야 공평한 것이다. 800m 계주에서 꼴등을 했다면 마지막 주자의 문제점만 따져볼 일이 아니기 때문이다.

혁신은 필연적으로 변화를 가져온다. 홀로 변화를 감당하기는 외로울 것이다. 누군가 옆에서 함께 해주고, 용기를 북돋아 주고, 지혜를 빌려준다면 변화의 두려움을 더 잘 감당할 수 있을 것이다. 영국 건설산업의 혁신운동 과정에서 정부, 발주자, 건설산업계가 파트너십을 구축한 이유이다.

영국 공공 조달혁신의 배경을 1994년 레이썸 보고서 발간으로부터 짚어 보았다. 비슷비슷한 혁신의 주제가 반복되어서 지루하다는 느낌이 들었을 수 도 있겠다. 혁신의 주제가 지루할 정도로 반복된다는 것은 다행이다. 만일 혁신의 주제가 반복되지도 않고 수백 가지로 천차만별이라면 어떻게 혁신을 실천하겠는가? 혁신의 초점과 중심을 잡을 수가 없을 것이다. 다행히도 건설산업 혁신이나 공공 조달혁신을 위한 주제는 한정적이고 이미 정해져 있다. 차차 살펴 볼 예정이다.

그리고 '빨리 빨리' 문화에 익숙한 우리에게 오랜 기간 동안 영국에서 진행된 혁신의 논의가 다소 답답하게 느껴질 수 있다. 사실 본격적인 공공 조달혁신이 일어난 시기는 레이썸 보고서가 발간된 이후 4~5년 지난 후이니 뜸을 들이기도 꽤 들인 것은 사실이다.

이 기간 동안에 발간된 각종 관련 자료들을 읽어보면 다양한 갑론을박(甲論乙駁)이 있었다는 것을 발견할 수 있다. 당연한 일이다. 혁신이라는 것이 누가 한두 마디 좋은 말을 했다고 갑자기 시작되는 것은 아니기 때문이다.

그래도 그 기간 동안 영국 정부가 혁신 마인드를 포기하지 않고 일관성 있게 혁신의 초점과 중심을 놓치지 않았기 때문에 공공 조달혁신의 착수가 가능할 수 있었다. 물론 이간보고서와 같은 혁신 촉매제(觸媒劑)의 공헌도 빼 놓을 수 없다.

혁신을 위해서는 분위기를 조성하고 숙성시키는 기간이 필요하다. 어떤 일들이 필요한지 정리해보자.

우선 현(現) 상황을 정확하게 한번 진단해 보자. 우리 공공 건설사업의 성과를 짚어보자. 그리고 어디가 아픈지 누구 때문에 아픈지 한번 진단해 보자. 그리고 만일 문제나 개선의 여지가 있다면 아프다고 인정하고 반성하자.

그리고 정부, 발주자, 건설산업계가 참여하는 혁신 연합군(聯合軍)을 결성하자. 혁신은 일방적인 이슈가 아니기 때문이다. 만일 혁신을 위해 정부와 발주자가 한편이 되고 건설산업계가 적군이 된다면 우리 건설산업은 자중지란(自中之亂)에 빠지게 될 것이다.

명확한 혁신의 목표를 세우고 공감대를 형성하자. 공공 건설사업의 혁신 목표는 공급자 지향적이 아닌 고객 지향적으로 설정되어야 한다. 투자가치 달성이 어울리는 혁신 목표인 것 같다. 일류 발주자, 일류 조달시스템을 통해 건설산업계의 긍정적인 변화를 유도하자. 그러면 공공 건설사업의 투자가치 달성이 가능해 질 것이다.

결과론적이지만 토니 블레어 수상의 공공 부문 개혁 의지가 가장 강력한 동력이자 리더십이 되었다. 공공 부문에 효율성과 성과주의 문화를 요구한 것이다.

사실 정부와 공공 발주자에게 공공 예산의 효율적 집행에 대한 강한 '외압'이 없다면 일류 발주자, 일류 조달시스템을 통한 투자가치 달성이라는 것이 얼마나 절박하게 느껴질지 의문이기도 하다. 정부의 공공 부문 개혁 의지, 효율성과 성과주의 문화 등이 공공 조달혁신을 위한 강력한 동기부여인자(motivator)가 될 수밖에 없다.

제 3 장

일류 건설을 향하여

01 들어가는 말

'일류 건설을 향하여' 라는 3장의 제목은 영국 정부의 「Achieving Excellence in Construction」이라는 공공 조달혁신 프로그램의 이름에서 따온 것이다. 3장에서는 이 프로그램을 포함한 영국 정부의 조달 혁신 노력과 사례를 살펴보려고 한다.

현재 영국에서 공공 조달혁신을 주관하고 있는 중앙 정부 기관은 재정경제부(HMT, HM Treasury) 산하 독립기관인 정부상무청(OGC, Office of Government Commerce)이다.[22) 1994년 레이썸 보고서 발간, 1998년 건설재인식(Rethinking Construction) 운동 착수, 1999년 일류 건설(AEC, Achieving Excellence in Construction) 프로그램 착수 등으로 공공 조달혁신이 가속화됨에 따라 이를 체계적이고 강력하게 주도할 정부 조직의 필요성이 대두되었다.

이러한 배경 속에서 정부상무청(OGC)이 2000년에 설립되었다. 정부상무청(OGC) 설립 이전에는 재정경제부(HMT)에서 조달 정책 및 제도를 주관하였지만 조달혁신을 위한 조직 강화 차원에서 정부상무청(OGC)이 별도 독립기관으로 설립된 것이다.

22) 정부 조달과 관련된 정책 및 제도 개발과 공공 조달 베스트프랙티스 개발 및 보급을 담당하는 기관이며 중앙 조달업무를 수행하지는 않는다: www.ogc.gov.uk

그림 3-1 **정부상무청 홈페이지** * 자료: OGC

정부상무청(OGC)의 미션은 「정부 및 공공 발주자가 투자가치(VFM)를 달성할 수 있도록 촉매제의 역할을 담당하는 것」이며 「성공적이고 효율적인 공공사업 수행과 조달을 지원할 수 있는 신뢰받는 조언자」가 되는 것을 비전으로 하고 있다.

정부상무청(OGC)은 자신의 정체성을 「베스트프랙티스를 전파하는 지식브로커(knowledge broker)」로 정의하고 있으며 주요 기능과 역할은 다음과 같다.

- 통합적인 조달 정책 및 전략의 개발
- EU, WTO 등과 같은 국제기구와의 관계에서 조달 관련사항에 대해 영국을 대표하는 역할
- 공공 조달프로세스의 개발 및 관장
- 공공 발주자의 조달 퍼포먼스 평가
- 새로운 조달 기술 · 기법에 대한 계획 및 개발
- 공공 발주자 조달업무의 베스트프랙티스 발굴, 개발 및 보급

정부상무청(OGC)은 조달 정책기관의 기능만을 담당하는 것이 아니라 정부가 일류 발주자로서의 역할을 수행하기 위해 요구되는 실무 기반을 제공하고 조달수행 능력과 성과를 평

가하는 역할도 담당하고 있다. 정부상무청(OGC)의 정체성을 요약하면, 공공 조달혁신을 주도하는 리더(leader)와 멘토(mentor)라고 할 수 있다.

일류 발주자 및 일류 조달시스템을 통한 공공사업 투자가치 달성이라는 조달혁신의 목표 달성을 위해 정부상무청(OGC)이 채택한 핵심 전략 4가지는 조달 베스트프랙티스 실체화, 조달 베스트프랙티스 표준 절차화, 조달혁신 도구상자(toolkit) 개발 및 일류 건설(AEC) 프로그램의 운영이다.

02 조달 베스트프랙티스 실체화

※ 배경

혁신의 구호만으로 혁신의 실천이 이루지지는 않는다. 투자가치 향상, 일류 발주자, 일류 조달시스템 등 혁신의 키워드는 말하기 좋고 듣기에도 매력적이다. 그러나 자칫하면 '뜬 구름' 같은 개념이나 텅 빈 구호만으로 머무를 수 있고 실천의 단서를 찾기가 쉽지 않다.

영국 정부의 경우도 마찬가지 고민을 하였다. 레이썸 보고서와 레빈 보고서를 통해 공공 조달혁신이라는 목표가 설정되고 다양한 혁신의 키워드가 발굴되었지만 이를 실천하기 위해서는 또 다른 노력이 필요하였다. 그 중 하나는 조달혁신의 키워드를 정부와 공공 발주자가 일관성 있게 이해하고 추진할 수 있도록 실체화시키는 작업이 필요하였다.

이러한 노력은 다양한 조달 베스트프랙티스 가이드의 발간으로 이어졌다. 물론 이전에도 다양한 형태의 공공 조달 가이드가 없었던 건 아니지만 조달 혁신정책에 발맞추어 조달 가이드를 대대적인 제・개정하는 작업이 일어나게 된다. 목표는 조달 베스트프랙티스를 실체화하는 것이다.

✲ 정부 건설조달 가이드

1997년부터 2002년까지 단계적으로 진행된 정부 건설조달 가이드(GCPG, Government Construction Procurement Guidance) 발간 작업은 재정경제부(HMT)와 정부상무청(OGC)의 주도로[23] 진행되었다.

표 3-1 정부 건설조달 가이드

가이드 번호	제 목	제정년도
1	건설조달의 필수 요건 Essential Requirements for Construction Procurement	1997
2	건설조달의 투자가치 Value for Money in Construction Procurement	1997
3	컨설턴트 및 건설업체 선정 Appointment of Consultants and Contractors	1997
4	팀워킹, 파트너링 및 인센티브 Teamworking, Partnering and Incentives	1999
5	조달 전략 Procurement Strategies	1999
6	프로젝트 재정 관리 Financial Aspects of Projects	1999
7	생애주기비용 Whole Life Costs	2000
8	프로젝트 사후평가 및 피드백 Project Evaluation and Feedback	2000
9	벤치마킹(성과측정) Benchmarking	2000
10	보건 및 안전 Achieving Excellence Through Health and Safety	2002

총 10권으로 구성된 정부 건설조달 가이드(GCPG)의 제목을 살펴보면 영국 정부가 조달 혁신을 위해 어떠한 주제와 해법에 주력하고자 하는지를 파악할 수 있다. 비록 이들 가이드는 각기 다른 주제를 다루고 있지만 공공 투자가치 달성이라는 목표에 초점을 맞추고 있다.

23) 2000년도 정부상무청(OGC) 설립 이전까지는 재정경제부(HMT)가 주관하였으며 그 이후에는 정부상무청(OGC)이 주도하였다.

기본 구성은 각 가이드별로 다소 차이는 있지만 해당 주제의 중요성, 주요 원칙, 투자가치 달성과의 관계, 주요 전략 및 실천사항, 주요 성공 요인 등이 제시되어 있다. 정부 건설조달 가이드(GCPG)는 조달 베스트프랙티스 실천을 위한 지침서의 성격뿐만 아니라 '학습서'의 성격도 함께 지니고 있다. 이를 통해 정부와 공공 발주자에게 혁신적 조달에 대해 교육시키고자 하는 의도를 읽을 수 있다.

정부 건설조달 가이드(GCPG)는 세부절차서의 용도로 개발된 것은 아니기 때문에 아주 세부적인 업무 내용이나 절차를 제시하고 있지는 않다. 그럼에도 불구하고 공공 조달혁신을 위한 기본 방향성과 핵심 실천사항을 제시함으로서 정부와 공공 발주자가 조달혁신에 대한 공통적인 시각과 실천사항을 공유하는 실무 기반을 제공하고 있다. 즉, 조달 베스트프랙티스라는 막연한 개념을 보다 실천적인 내용으로 정형화시킨 것이다.

예를 들어, 정부 건설조달 가이드(GCPG) 제 2권, 「건설조달의 투자가치: Value for Money in Construction Procurement[24]」의 서문을 통해 이들은 공공사업 투자가치 달성의 기본 방향성과 핵심 실천사항을 어떻게 정의하고 있는지 한편 살펴보자.

- 정부 조달정책 기조는 최고의 투자가치(best value for money)를 달성하는 것이다.
- 공공 자금의 책임성 확보(accountability for public funds)라는 명제가 투자가치 달성의 기회를 놓치게 하는 변명이 되어서는 안 된다.[25]
- 투자가치 달성을 위한 실천사항은 다음과 같다.
  - 일상적인 사업관리(project management) 활동 속에서 가치 매니지먼트와 리스크 매니지먼트를 통합적으로 활용하라.
  - 사용자 니즈를 만족시킬 수 있도록 프로젝트를 섬세하게 정의하라.
  - 생애주기비용을 고려하라.
  - 변경통제절차(change control procedures)를[26] 가동시켜라.
  - 팀워킹과 파트너링을 통해서 불필요한 낭비와 분쟁을 사전에 방지하라.
  - 최저 가격으로 컨설턴트와 시공자를 선정하지 마라.

24) HM Treasury(1997) Government Construction Procurement Guidance No 2: Value for Money in Construction Procurement.
25) 기존 공공 조달의 경직성과 최저가 낙찰 등을 책임성 있는 공공 조달로 인식하였던 패러다임에 대한 비판이다.
26) 시공단계 설계변경만을 의미하는 것이 아니라 프로젝트 전(全) 단계에서의 변경 통제를 의미한다.

• 투자가치 달성을 위한 기본틀(VFM framework)을 구축하고 프로젝트의 착수단계부터 종료단계까지 활용하라.

위 내용을 살펴보면 레이썸 보고서나 레빈 보고서에 제시된 주요 혁신 키워드 들이 공공조달정책의 기조와 실천사항으로 채택되었다는 것을 확인 할 수 있다. 따라서 공공 조달혁신은 자연스럽게 이들 기조와 실천사항을 구현하는 방향으로 추진되었다. 한 가지 주목해야 할 것은 영국의 경우, 공공사업의 투자가치 달성을 매우 광범위하고 다양한 해법으로 접근하고 있다는 사실이다.

현재 우리나라에서 최고가치 낙찰제도 도입에 대한 논의가 이루어지고 있다. 비록 최저가 낙찰제도의 '화마(火魔)' 를 피해가기 위한 탈출구로 최고가치 낙찰제도가 거론되고 있기는 하지만 제대로 작동된다면 이 역시 투자가치 달성을 위한 하나의 해법이 될 수 있다. 그러나 이는 아주 지엽적인 해법에 불과하다.

낙찰자를 선정하는 평가 항목과 배점을 조금 개선한다고 해서 투자가치 달성이 금방 이루어질 것이라고 생각한다면 큰 착각이다. 투자가치 달성이라는 것이 그렇게 '손쉽게' 이루어지는 '만만한 것' 이 아니기 때문이다.

향후 우리나라의 공공사업 투자가치 달성을 위해 보다 다양한 해법이 구사되어야 한다는 도전을 정부 건설조달 가이드(GCPG)를 통해 발견할 수 있다. 핵심은 낙찰자 선정방식의 개선만으로는 공공사업의 투자가치 달성의 '약발' 이 충분하지 않다는 것이다. 보다 광범위하고 다양한 해법, 특히 정부와 발주자가 주도하는 검증된 투자가치 달성의 전략과 해법이 구사되어야 비로소 투자가치 달성이 가능해진다.

※ 일류 건설조달 가이드

2002년까지 활용되었던 정부 건설조달 가이드(GCPG)는 2003년부터 새로운 조달 가이드로 대체된다. 1999년~2002년까지 진행된 일류 건설(AEC) 프로그램 1단계가 종료되고 그 성과와 교훈을 반영한 일류 건설조달 가이드(AEPG, Achieving Excellence Procurement Guides)가 2003년부터 발간되었기 때문이다. 쉽게 설명하면, 일류 건설조달 가이드(AEPG)

는 정부 건설조달 가이드(GCPG)의 업그레이드 버전이라고 할 수 있다.

일류 건설조달 가이드(AEPG)는 총괄(high level) 가이드 2권, 핵심(core) 가이드 3권, 보조(supporting) 가이드 6권 등 모두 11권으로 구성되어 있다.

그림 3-2 Achieving Excellence 조달 가이드 구성 * 자료: OGC

1 총괄 가이드

총괄 가이드는 「매니저 체크리스트: A manager's checklist[27]」와 「건설사업 포켓북: Construction projects pocketbook[28]」 2권으로 구성되어 있다. 이 2권의 총괄 가이드는 나머지 9권 가이드의 핵심 사항을 요약 정리한 자료이다. 즉, 조달혁신을 통한 투자가치 향상을

27) Office of Government Commerce(2003) A manager's checklist: Construction projects.
28) Office of Government Commerce(2003) Construction projects pocketbook.

위해 정부 및 공공 발주자가 반드시 짚고 넘어가야할 핵심 점검사항과 실천사항을 제시하고 있는 요약 가이드이다.

예를 들어, 「건설사업 포켓북」에 제시된 공공사업의 12대 핵심 성공요인을 한번 살펴보자.

- 공공 발주기관 경영진의 리더십과 헌신
- 프로젝트 전(全) 단계에 걸친 관련 주체(stakeholders)의 참여
- 명확한 커뮤니케이션 라인을 기반으로 하는 책임과 권한의 명확한 이해
- 발주자, 설계자, 시공자 등 다양한 공급연쇄에 의한 통합 프로젝트팀 구축
- 설계, 시공 및 유지관리 프로세스의 상호 통합성 향상
- 기능성, 품질, 환경 영향 등을 반영한 양질의 설계
- 보건 및 안전에 대한 헌신
- 통합 프로젝트팀 구축을 가능하게 하는 조달 및 계약 전략
- 통합 프로젝트팀에 의한 리스크 매니지먼트 및 가치 매니지먼트
- 최저가격이 아닌 최고가치에 기반을 둔 낙찰자 선정
- 지속적인 개선을 향한 헌신
- 지속가능성 베스트프랙티스에 대한 헌신

이들 12대 핵심 성공요인을 쉽게 설명하면 공공사업의 투자가치 향상을 위한 조건과 해법인 동시에 영국 정부의 조달혁신 어젠다라고 할 수 있다.

2 핵심 가이드

핵심 가이드는 모두 3권으로 구성되어 있으며 주요 내용은 다음과 같다.

- 제 1권 개요[29] : 일류 건설(AEC) 프로그램과 조달 가이드 개요 및 각 조달 가이드의 핵심적인 매니지먼트 현안을 요약 제시하고 있다.
- 제 2권 프로젝트 조직[30] : 공공사업 관련 주체의 주요 역할과 책임에 대해 기술하고 있다.

29) Office of Government Commerce(2003) Procurement Guide 1, Initiative into action,
30) Office of Government Commerce(2003) Procurement Guide 2, Project organisation: roles and responsibilities.

• 제 3권 프로젝트 조달 생애주기[31] : 건설사업의 단계별 프로세스와 주요 의사결정 사항을 Gateway Review 과정과 연계시켜 제시하고 있다.

3 보조 가이드

보조 가이드는 모두 6권으로 구성되어 있다. 각 가이드에는 해당 주제와 관련된 핵심 원칙, 실천 권고사항, 주요 체크리스트, 참고 자료 및 조언 등이 제시되어 있다.

• 제 4권 리스크 및 가치 매니지먼트[32] : 프로젝트 성공을 위한 필수 도구로서 리스크 매니지먼트와 가치 매니지먼트의 전략적 실천사항을 단계별로 제시하고 있다.

• 제 5권 통합 프로젝트팀[33] : 팀워킹과 파트너링 구축 및 유지 방법에 대한 주요 고려사항 및 실천사항을 제시하고 있다.

• 제 6권 조달 및 계약 전략[34] : 투자가치 달성을 위한 효과적인 조달 및 계약 방식의 선택과 관련된 주요 실천사항 및 조언을 제시하고 있다.

• 제 7권 생애주기비용분석 및 건설사업비 관리[35] : 생애주기비용에 근거한 의사결정을 강조하고 있으며 생애주기비용분석 관련 주요 내용을 제시하고 있다.

• 제 8권 성과 향상[36] :공공사업 성과측정과 관련된 주요 원칙과 실천사항을 제시하고 있다.

• 제 9권 디자인 품질[37] : 양질의 설계에 대한 정의와 특성을 제시하고 설계 품질 향상을 위한 실천사항을 제시하고 있다.

• 제 10권 보건 및 안전[38] : 공공사업 성과향상 및 투자가치 달성을 위한 보건 및 안전의 중요성을 강조하고 관련 실천사항을 제시하고 있다.

• 제 11권 지속가능성[39] : 지속가능한 개발을 달성하기 위한 주요 고려사항과 실천사항을 제시하고 있다.

---

31) Office of Government Commerce(2003) Procurement Guide 3, Project procurement cycle: the integrated process.
32) Office of Government Commerce(2003) Procurement Guide 4, Risk and value management.
33) Office of Government Commerce(2003) Procurement Guide 5, The integrated project team: teamworking and partnering.
34) Office of Government Commerce(2003) Procurement Guide 6, Procurement and contract strategies.
35) Office of Government Commerce(2003) Procurement Guide 7, Whole-life costing and cost management.
36) Office of Government Commerce(2003) Procurement Guide 8, Improving performance: project evaluation and benchmarking.
37) Office of Government Commerce(2004) Procurement Guide 9, Design quality.
38) Office of Government Commerce(2004) Procurement Guide 10, Health and safety.
39) Office of Government Commerce(2005) Procurement Guide 11, Sustainability.

위에 제시된 바와 같이 일류 건설조달 가이드(AEPG)는 공공 조달혁신을 통한 투자가치 달성과 관련된 광범위한 주제와 해법을 다루고 있다. 이는 단순히 이론적인 페이퍼 웍(paper work)을 한 것이 아니라 조달혁신을 추진하는 과정에서 나타났던 실제 경험과 성과를 바탕으로 개발되었기 때문에 더 큰 의미를 지니고 있다.

공공 조달혁신을 추진하기 위해서는 조달 베스트프랙티스 지식의 '내공'이 뒷받침 되어야 하며 정부 건설조달 가이드(GCPG)와 일류 건설조달 가이드(AEPG)는 영국 정부의 조달 혁신 '내공 쌓기' 노력을 엿볼 수 있는 대표적인 사례이다. 동시에 똑똑한 발주자만이 일류 발주자가 될 수 있는데 이들 조달 가이드는 똑똑한 발주자를 만들기 위한 '교재'라고 이해해도 좋을 듯하다.

※ 공공 조달의 핵심 준수 기준 제정

다양한 조달 베스트프랙티스 가이드를 통해 혁신적인 조달을 위한 기본틀과 실천사항들이 제시되고 이를 기반으로 조달혁신이 추진되는 과정에서 2006년 공공 조달의 핵심 준수 기준(CMS, Common Minimum Standards)[40]이 제정된다. 이 기준은 정부상무청(OGC)의 주도 하에 정부 각 부처 및 공공 발주기관의 고위책임자(senior policy officials)로 구성된 위원회에서 제정되었다. 공공 조달의 핵심 준수 기준(CMS)은 조달혁신의 추진과정에서 검증된 해법의 적용을 강화하기 위한 목적으로 제정되었으며 의무적인 준수를 원칙으로 하고 있다.

이를 살펴보면 그간의 경험을 통해 검증된 투자가치 달성의 해법과 현재 조달혁신을 위한 주력분야의 주요 내용을 이해할 수 있다.

1) 일반사항

① 모든 건설사업은 일류 건설(AEC) 프로그램에서 제시하고 있는 베스트프랙티스를 준수하여야 한다. 베스트프랙티스로 규정되지 않은 사항을 적용하는 것은 투자가치 달성을 위해 적절하다고 입증할 수 있는 경우에만 예외적으로 인정한다.

40) Office of Government Commerce(2006) Common Minimum Standards.

참고사항[41] **:** 일류 건설(AEC) 프로그램의 주요 베스트프랙티스는 통합 프로젝트팀 운영, 장기적 협력관계 구축, 발주자 역량 향상 및 권한 위임, 성과측정 실시, 가치 매니지먼트, 리스크 매니지먼트, 생애주기비용분석 활용 등이다.

2) 프로젝트 및 프로그램 조달

① 발주자와 공급자간의 협력적인 관계 구축과 통합 프로젝트팀의 조기 구성이 가능한 조달 전략과 계약 방식을 선택하여야 한다.

참고사항 : 민자방식(PPP/PFI), 디자인빌드(Design & Build), 프라임 계약방식(Prime-type Contracting approach)[42] 등을 기본 조달방식으로 한다. 전통적 · 비통합적 조달방식을 통해서도 최고가치의 달성이 가능하다는 것을 확실하게 입증할 수 있는 경우가 아니라면 이를 활용하지 말아야 한다. 현실적으로 전통적 · 비통합적 조달방식의 채택이 공공사업에서는 불가능 할 것이다.

② PQ와 입찰 절차는 해당 사업에 적합해야 하고 법적 의무사항을 충족시키며, 불필요한 관료주의와 입찰비용을 피할 수 있도록 운영되어야 한다.

참고사항 : 과도한 입찰비용은 지속적으로 제기된 개선 현안이었고 레이썸 보고서에서도 단일화된 공공 PQ 데이터베이스 구축을 개선방안으로 제안하였다. 이 개선방안은 수용되어 현재 컨스트럭션라인 (Constructionline)이[43] 운영되고 있다.

③ 일류 건설(AEC) 프로그램의 전략 목표(Strategic Target)와 대비하여 건설사업의 성과 모니터링과 측정이 이루어져야 한다.

④ 조달방식에 대한 대안 검토와 의사결정은 적합한 평가 기법을 통해 이루어져야 한다.

⑤ 조달방식 대안 분석과 선택 과정에서 반드시 생애비용 투자가치(whole life value for money)를 고려하라. 건설 사업비만이 고려대상이 되어서는 안 된다.

⑥ Gateway 리스크 프로파일 분석(Risk Profile Assessment) 및 Gateway Review가 모든 사업에서 반드시 실행되어야 한다.

⑦ 발주자는 디자인, 지속가능성, 보건 및 안전 등과 관련된 전문가를 선정하고 활용하여야 한다.

---

41) 공공 조달의 핵심 준수 기준(CMS)의 일부 조항에는 참고사항(background)이 첨언되어 있다.
42) 프라임 계약방식이란 파트너링과 공급연쇄관리(Supply Chain Management)를 기본으로 하는 계약방식이다. 이에 대한 구체적인 사례는 4장에 제시되어 있다.
43) www.constructionline.co.uk

⑧ 발주자는 모든 건설사업에서 디자인 챔피언(Design Champion)[44]을 지명하고 활용하여야 한다.

⑨ 발주자는 계약상으로 동의된 각종 대가(payment)를 적시(適時)에 지불하여야 한다.

3) 보건 및 안전

① 발주자는 일류 건설조달 가이드(AEPG) 10권(보건 및 안전)에 제시된 사항을 준수하여야 하며 특히 아래 ② ~⑤는 핵심 준수사항이다.

② 발주자는 모든 사업에서 보건 및 안전 퍼포먼스 데이터를 취합하고 분석할 수 있는 시스템을 갖추어야 한다.

③ 발주자는 보건 및 안전 성과와 관리 프로세스를 PQ 심사에서 반드시 반영하여야 하고 부적절한 업체는 탈락시켜야 한다.

④ 모든 사업에서 건설회사가 적합한 현장 환경 관리 및 주민 관계 증진 프로그램에 등록하는 것을 발주자는 계약 요구사항으로 명시하여야 한다. 대표적인 예로서, Considerate Constructors Scheme(CCS)[45]이 있으며 이 프로그램에서 요구하는 기준(Codes)을 준수하여야 한다.

⑤ 발주자는 모든 사업자의 (건설 관련) 인력이 건설기술자 인증프로그램(CSCS, Construction Skills Certification Scheme)에 등록하거나 이에 준하는 방법으로 이들의 역량을 입증해야 하는 의무를 계약조항에 포함시켜야 한다.

4) 디자인

① 모든 발주자는 양질의 디자인 달성을 위하여 일류 건설조달 가이드(AEPG) 9권(디자인 품질)에 제시된 원칙을 준수해야 하며 핵심적인 실천사항은 다음과 같다.

44) 디자인 챔피언(Design Champion)이란 각 정부 부처 및 공공 발주기관에서 위촉한 전략적 디자인 리더 또는 멘토를 지칭하며 내부 고위급 인사나 사회 저명인사를 위촉하는 것이 일반적이다.

45) www.consideratecontructorsscheme.org.uk: 레이썸 보고서의 권고사항을 실천하는 과정에서 건설산업의 이미지 향상이 주요 어젠다로 부각되었으며 CCS는 건설산업 이미지 향상을 위한 실천 프로그램 중 하나이다. CCS를 문자적으로 풀면, 「선량한 건설산업 프로그램」이라는 의미가 된다. 이 프로그램은 현재 건설단체연합회(Construction Confederation)에서 운영하고 있다.

- 발주자는 설계자 선정에서부터 최종 설계 성과품 인수에 이르는 전(全) 과정에서 디자인의 중요성을 지속적으로 인식 및 강조하고 이에 적합하도록 디자인을 조달하여야 한다.
- 발주자는 명확한 디자인 브리프(brief)를 개발해야 한다.
- 설계자 선정 과정에서 설계 제안서와 설계자(팀)을 철저하게 분석하고 검증하여야 한다.
- 발주자는 설계 단계를 포함한 프로젝트 전(全) 단계에서 주요 관련 주체(stakeholders)를 참여시켜야 하며 디자인 품질을 지속적으로 평가하여 한다. 대표적인 예로서 디자인 품질지수(DQI, Design Quality Index)의[46] 활용을 권고한다.

② 미적 요소뿐만 아니라 시공성, 기능성, 유지관리성, 지속가능성과 미래 활용의 탄력성 등을 구현할 수 있는 디자인이 양질의 디자인이라는 것을 인식하라.

공공 조달의 핵심 준수 기준(CMS)은 조달혁신을 위해 무엇이 중요하며 무엇을 실천해야 하는지를 명확하게 제시하고 있다. 공공사업의 투자가치 달성을 위한 핵심 해법들이다. 눈여겨 둘 필요가 있다.

46) 디자인 품질 평가를 위한 시스템 중 하나로 웹 기반으로 구축되어 있다: www.dqi.org.uk

03 조달 베스트프랙티스 표준 절차화 : Gateway 프로세스

※ 배경

공공 조달혁신을 위한 영국 정부의 또 다른 노력은 조달 베스트프랙티스를 표준 절차화 하는 작업이었다. 비록 다양한 조달 가이드를 통해 혁신적인 조달을 위한 주요 원칙, 실천사항, 지식, 성공요인 등을 실체화시켜 나갔지만 실무 적용성 향상을 위해 조달 베스트프랙티스를 표준 절차화 하는 과정이 필요하였다. 각 공공 발주자별로 다소 상이했던 조달 프로세스를 조달혁신 정책달에 맞추어 조율하기 위한 것도 표준 절차 개발의 배경이다.

그 산물로 2001년 Gateway 프로세스라는 공공 조달 표준절차가 정부상무청(OGC)에 의해 개발되었다. 현재 영국에서 공공 발주자는 Gateway 프로세스에서 정의하는 절차에 준하여 공공사업을 조달하는 것을 원칙으로 하고 있다.[47] 물론 개별 발주자의 자율권도 어느 정도 인정되고 있지만 조달혁신 정책의 기조와 정신, 원칙, 핵심 준수 기준(CMS) 등이 훼손되지 않는 범위 내에서만 자율권이 인정된다.

47) 해당 사업이 소규모 이거나 리스크가 낮은 경우에는 예외로 하고 있다.

※ Gateway 프로세스 개요

Gateway 프로세스는 조달 베스트프랙티스를 표준화한 절차이다. 정부상무청(OGC)에서는 이를 공공사업의 투자가치 달성을 위한 기본틀(VFM framework)로 정의하고 있다.

Gateway 프로세스는 기본적으로 Gateway Review라는 사업단계별 적정성 평가를 축으로 하여 진행된다. Gateway 프로세스에서는 건설사업의 추진단계를 8단계로 구분하고 이전 단계에서 후속단계로 넘어가는 시점을 6개의 관문(Gate)이라고 칭하고 있다. 이때 각 관문(Gate)에서 Gateway Review가 실시되기 때문에 모두 6회에 길친 적정성 평가가 이루어진다. 다만, Gateway Review 0(전략적 평가)의 경우는 일회적인 것이 아니라 사업초기 단계부터 종료 시점까지 지속적으로 반복된다.

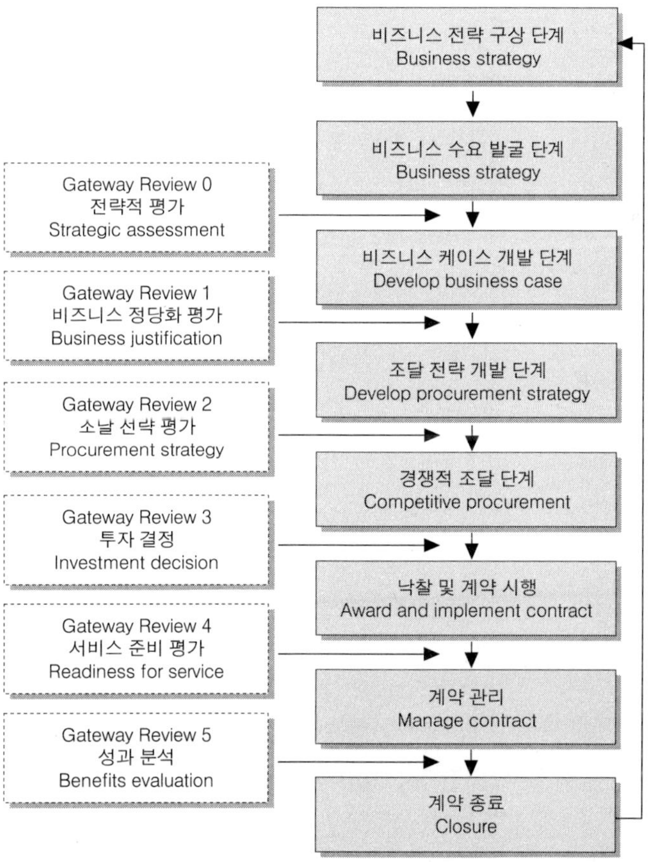

그림 3-3 Gateway 프로세스 흐름도 * 자료: OGC

※ Gateway 프로세스 의의와 주안점

Gateway Review는 일종의 체크 포인트(check point)로 이해하는 것이 가장 쉬울 것 같다. 후속단계로 프로젝트가 계속 진행되기에 앞서서 이전단계에서의 선결조건이 충족되었는지를 점검 및 평가하는 것이다.

Gateway 프로세스에서는 Gateway Review를 통해 이전단계의 선결조건이 만족한 수준에서 충족되어야 비로소 후속단계로 프로젝트가 진행되는 것이 원칙이다. 다만, 해당 프로젝트의 특성상 선결조건을 완전히 충족시키지 못하고 후속단계로 진행되어야 한다면 충족되지 못한 선결조건의 내용과 이유를 합리적으로 설명하고(justification) 이를 리스크 관리를 위한 중점항목으로 다루어야 한다.

Gateway Review를 가장 쉽게 이해하는 방법은 카 레이싱(car racing)의 체크 포인트에 비유하는 것이다. 카 레이싱에서 경주용 자동차들은 정해진 목표 거리를 단번에 완주하지 않는다. 중간 중간 체크 포인트에 들러 차의 '건강 상태'를 점검하고 적정한 정비를 받은 후에 다시 레이싱을 계속한다. 중간 점검의 과정 없이 레이싱을 계속할 경우 완주에 실패하거나 중간에 큰 문제를 야기 시킬 수 있기 때문이다.

Gateway Review가 지니는 의의도 이와 동일하다. 수백억 또는 수천억에 이르는 건설사업을 진행하면서 중간 중간 프로젝트의 '건강 상태'에 대한 점검 없이 '일사천리'로 사업을 진행한다는 것은 매우 위험한 일이다. 그 결과는 공공 예산의 낭비이며 투자가치 달성의 실패이다.

Gateway Review는 단계별 '점검 장치' 없이 주먹구구식으로 공공사업이 진행되는 것을 방지하고 보다 체계적이고 합리적으로 공공사업이 진행되도록 관리하는 매니지먼트 절차이자 도구이다. 해당 사업의 적정성 · 타당성 평가가 프로젝트 착수에서 종료에 이르기까지 지속적으로 반복되도록 하는 것이다.

Gateway Review에서 주안점을 두고 있는 핵심 질문은 "후속단계로 진행될 수 있을 만큼 선행단계가 충분히 완료되었으며 이를 정당화(justification) 시킬 수 있는가?"이다. 이를 통해 해당 프로젝트가 선결조건을 충족시키며 체계적인 과정을 통해 수행되고 있는 지를 점검한다. 불합리하거나 체계적이지 못한 계획이나 실행이 후속단계에서 야기할 수 있는 문제를 사전에 방지한다. 또한 프로젝트가 어설프게 계속 진행되는 것을 방지하는 기능도 담당한다.

Gateway Review의 수행을 위한 평가위원장과 평가위원은 해당 사업을 시행하는 발주기관과는 독립적인 인사들로 정부상무청(OGC)에서 선임하는 것을 원칙으로 하여 평가의 객관성 확보에 주력하고 있다. 그러나 예외적으로 리스크가 낮은 건설사업에서는 해당 발주청이 평가위원장과 평가위원을 선임할 수 있지만 이 경우에도 해당 사업과는 독립적인 내·외부 인사를 선임하는 것을 원칙으로 하고 있다.

Gateway Review는 일반적으로 3인에서 5인 정도로 구성된 팀에 의해 3일에서 5일 정도 진행되며 평가 결과는 해당 사업의 책임자와 주요 의사결정권자들에게 제출되고 이들은 평가 결과에 따라 적절한 후속 조치를 취하여야 한다.

※ Gateway 프로세스 가이드

정부상무청(OGC)에서는 Gateway 프로세스를 공공 발주자가 실무적으로 이해하고 효과적으로 운영할 수 있도록 관련 가이드를 제시하고 있다. 현재 10권으로 구성된 2004년 판(版)이 활용되고 있으며 공공 발주자를 대상으로 Gateway 프로세스 교육·훈련도 실시하여 실무 적용성 향상에 노력하고 있다.

10권의 가이드 중 4권은 Gateway 프로세스 및 Gateway Review와 관련된 총론적인 사항을 제시하고 있다.

- 성공을 위한 통로[48] : Gateway 프로세스 개요와 활용 방법을 요약 제시하고 있다.
- 매니저 체크리스트[49] : Gateway 프로세스를 성공적으로 활용하기 위한 주요 매니지먼트 포인트를 제시하고 있다.
- 효과적인 리뷰 운영[50] : Gateway Review 운영에 대한 주요 조언과 실천사항을 제시하고 있다.
- 평가자가 되는 길[51] : Gateway Review 평가자가 되는 과정에 대한 정보를 제공하고 있다.

48) Office of Government Commerce(2004) Gateway to success.
49) Office of Government Commerce(2004) A manager's checklist.
50) Office of Government Commerce(2004) Running an effective review.
51) Office of Government Commerce(2004) How to become a Reviewer.

나머지 6권은 각 Gateway Review 0 ~ Gateway Review 5에 대한 세부적인 지침서이다.

- Gateway Review 0 워크북[52] : 전략적 평가
- Gateway Review 1 워크북[53] : 비즈니스 정당화 평가
- Gateway Review 2 워크북[54] : 조달 전략 평가
- Gateway Review 3 워크북[55] : 투자 결정
- Gateway Review 4 워크북[56] : 서비스 준비 평가
- Gateway Review 5 워크북[57] : 성과 분석

Gateway 프로세스 가이드는 앞서 설명한 정부 건설조달 가이드(GCPG) 및 일류 건설조달 가이드(AEPG)와 더불어 공공 조달혁신을 위한 대표적인 가이드로 영국 정부가 조달 베스트프랙티스를 실체화 · 절차화 하는데 얼마만큼 많은 공을 들였는지 가늠할 수 있는 좋은 사례이다.

※ Gateway 프로세스 예시

Gateway 프로세스의 예시로서 Gateway Review 1의 주요 내용을 한번 살펴보자.

1 Gateway Review 1: 실시 시기 및 목표

Gateway Review 1의 실시 시기는 비즈니스 케이스(business case) 개발단계 이후, 조달 전략 개발단계 이전이다. 평가 목표는 해당 사업이 발주기관의 비즈니스 목적(business purpose)을 충족시키기에 필수적이며 타당한지를 평가하는 것이다. 즉, 해당 사업이 적정한 비즈니스 케이스로서 성립될 수 있는지를 평가하는 것이다.

52) Office of Government Commerce(2004) OGC Gateway Review 0: Strategic assessment.
53) Office of Government Commerce(2004) OGC Gateway Review 1: Business justification.
54) Office of Government Commerce(2004) OGC Gateway Review 2: Procurement strategy.
55) Office of Government Commerce(2004) OGC Gateway Review 3: Investment decision.
56) Office of Government Commerce(2004) OGC Gateway Review 4: Readiness for service.
57) Office of Government Commerce(2004) OGC Gateway Review 5: Benefits evaluation.

2 Gateway Review 1: 주요 평가관점

해당 사업이 비즈니스 케이스로써 적정한지를 평가하기 위하여 Gateway Review 1은 아래에 제시된 주요 평가관점에서 진행된다. 이들 세부 평가관점이 지니는 의미는 해당 발주기관이 후속단계로 사업을 추진시키기에 앞서 해결하거나 고려해야하는 중점 매니지먼트 사항이다. 즉, 후속단계로- 이 경우, 조달전략 개발단계- 사업을 진행시켜도 문제가 없을 정도로 충분한 조사, 분석, 점검, 고려, 준비 등이 이루어졌는지가 평가되는 것이다.

- 건실한 비즈니스 케이스로서 성립하는가?
- 잠재 대안 발굴 및 분석을 위해 전문가 조언이 적절하게 활용되었는가?
- 타당성 평가가 합리적 수행되고 선호 대안이 발굴되었으며 이 과정에서 시장(市場)과의 충분한 대화(dialogue with the market)가[58] 있었는가?
- 시장(市場)의 관심도를 고려하였는가?
- 해당 프로젝트를 위해 필요한 내 · 외적 권한(authority)과 지원이 확보되었는가?
- 주요 리스크 요인이 발굴되고 리스크 매니지먼트 개략 계획이 수립되었는가?
- 해당 프로젝트가 (발주기관 또는 수요기관의) 현재 및 미래 비즈니스 목표를 달성 가능하게 하는가?
- 프로젝트 범위 및 요구사항이 현실적이며 명료한가?
- 사업 결과물, 추진일정, 관련 외부 이슈에 미치는 영향 등에 대해 충분하게 검토하였는가?
- 후속단계로 진행할 수 있는 계획이 수립되어 있는가?
- 계획 수립의 전제 가정(assumptions)을 재확인하였으며 프로젝트 팀이 후속 단계를 추진할 수 있는 준비가 되었는가?
- 대내외적 비즈니스 전략 및 기술 전략이 광범위하게 검토되었는가?
- 해당 사업의 성과품 및 품질관리 계획이 수립되었는가?

58) 철저한 시장 환경 분석과 시장 주요 주체들로부터의 의견, 자문 등을 충분히 수렴하였는지를 의미한다.

만일 위에 제시된 선결사항들이 충분하게 해결되지 못하면 후속단계로 사업을 추진하지 못하고 재검토 또는 추가 준비 등을 통해 재평가를 받아야 한다. 만일 해당 사업의 특성상 이 시점에서 고려하거나 해결하기 어려운 사항에 대해서는 그 이유를 논리적으로 설명(justification)하고 이를 리스크 항목으로 분류하여 지속적으로 관리하여야 한다.

3 Gateway Review 1: 평가항목

Gateway Review 1에서는 위에 제시된 주요 평가관점을 세분화하여 4개 부문, 31개 항목으로 해당 사업의 적정성을 평가한다. 이때 31개 평가항목은 질문 형태로 된 체크리스트이다. 각 평가항목별로 평가를 위한 근거자료(evidence expected)가 정의되어 있어 해당 발주기관에서는 이를 사전에 준비하여 평가를 받게 된다.

이들 평가항목은 평가를 위한 '시험문제' 라는 의미뿐만 아니라 선행단계(이 경우, 비즈니스 개발 단계)에서 공공 발주자가 주력해야 하는 주요 매니지먼트 현안 및 활동이라는 의미도 함께 가지고 있다. 다시 말해, Gateway Review 1에서 좋은 평가를 받기 위해서는 이들 평가항목에 해당되는 매니지먼트 활동이 선행단계에서 적절하게 이루어져야 한다는 것이다. 이를 통해 공공 발주자는 각 사업단계별로 무엇이 조달 베스트프랙티스인지를 이해할 수 있고 공공사업의 투자가치 달성을 위해 어떤 구체적인 매니지먼트 활동이 이루어져야 하는지를 파악할 수 있다.

표 3-2 Gateway Review 1 평가항목 구성

구 분	부 문	평가 항목 수
1	비즈니스 케이스 및 관련 주체 Business case and stakeholders	11개
2	사업 배경 및 환경 Wider context	5개
3	리스크 매니지먼트 Risk management	7개
4	후속 단계 준비 상태 Readiness for next phase	8개

예를 들어, 「비즈니스 케이스 및 관련 주체」 부문의 한 가지 평가항목과 근거자료를 살펴보자.

표 3-3 Gateway Review 1 평가항목 예시

부문	평가 항목	근거자료
1. 비즈니스 케이스 및 관련 주체	1.6 비즈니스 니즈를 충족시킬 수 있는 대안에 대한 광범위하고 충분한 분석이 타당성 평가에서 이루어졌는가?	타 정부 부처 및 타 프로젝트와의 협력 대안 분석 결과
		각 대안에 대한 장단점 분석 결과
		적합한 해법 제공 가능성에 대한 시장 반응 분석

위에서 살펴본 바와 같이 Gateway Review를 축으로 진행되는 Gateway 프로세스는 공공 조달혁신의 궁극적인 목표인 투자가치 달성을 위해 공공 발주자가 어떤 과정과 절차를 따르고 무엇을 실천해야 하는지를 체계화시키고 있다. 즉, Gateway 프로세스를 통해 투자가치 달성이라는 추상적인 개념이 실천적인 업무 프로세스로 정의됨에 따라 조달혁신을 효과적으로 추진할 수 있는 실무적인 기반이 마련된 것이다.

조달 베스트프랙티스는 실체화 · 절차화 되었을 때 비로소 실천이 가능해지는 것이다. 그렇지 않다면 여전히 '뜬 구름' 잡는 개념에 머무를 뿐이다. 일류 발주자, 똑똑한 발주자는 이에 걸맞은 실무 시스템을 바탕으로 가능한 것이다. Gateway 프로세스는 공공 조달혁신을 위한 대표적인 실무 시스템으로 평가될 수 있는 좋은 사례라고 할 수 있다. 또한 영국 정부가 얼마만큼 심각하게 조달혁신을 고민하고 추진하는지를 가늠할 수 있는 사례이기도 하다.

04 성공적인 공공 조달을 위한 도구상자

✲ 조달 도구상자

정부상무청(OGC) 홈페이지에 접속해 보면 「성공적인 조달 도구상자: SDT, Successful Delivery Toolkit」라는 섹션을 발견할 수 있다. 조달혁신을 위한 지식과 정보의 보고(寶庫)라는 표현이 가장 적합할 것 같다.

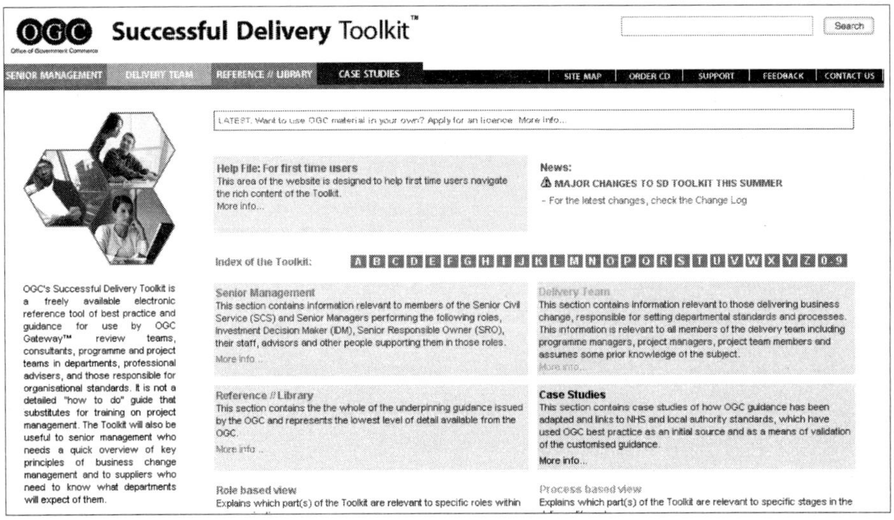

그림 3-4 성공적인 공공 조달을 위한 도구상자 * 자료: OGC

이 도구상자 '속에는' 성공적인 공공 조달을 위한 각종 보고서, 지침서, 절차서, 성공사례 등이 한 보따리 들어있다. 이미 설명한 다양한 조달 가이드들도 이 도구상자의 아주 작은 일부 내용물에 불과하다. 아주 다양하고 실무적인 조달 베스트프랙티스 관련 자료들이 가득 차 있다.

만일 '조달 베스트프랙티스란 무엇인가?' 라는 질문이 있다면 이 도구상자를 한번 열어보도록 강력하게 추천하고 싶다. 조달혁신과 공공사업 투자가치 달성을 위한 전략과 해법이 궁금한 사람에게도 강력 추천이다. 이곳에 담겨진 도구만 잘 이용해도 혁신의 절반은 성공할 수 있다. 나머지 절반은? 당연히 혁신 마인드와 의지 그리고 용기이다. 이에 대해서는 나중에 다시 논의할 예정이다.

❋ 조달 도구상자의 쓰임새

성공적인 조달 도구상자(SDT)가 개발된 배경은 아주 단순하다. 조달혁신은 말로만 되는 것이 아니다. 머리가 따라야 하기 때문이다. 조금 고상하게 표현하면 지식과 역량이 따라 주어야 한다는 뜻이다.

성공적인 조달 도구상자(SDT)는 조달혁신을 위한 지식 기반이라고 표현하는 것이 가장 적절할 것 같다. 정부상무청(OGC)은 조달혁신을 추진하는 과정에서 지식관리(knowledge management)의 필요성을 느끼게 되었다. 조달혁신의 다양한 개념과 주제 그리고 경험담을 한 곳에 모아 두고 관리함으로써 공공 발주자의 조달혁신을 지원하고 교육시키고자 하는 목적으로 이 도구상자를 만들게 된 것이다.

이 도구상자는 인터넷을 통해 별도의 로그인 과정 없이 자유롭게 접근이 가능하고 무엇보다 매력적인 것은 무료라는 것이다. 정부상무청(OGC)은 이 도구상자를 무료 공개함으로써 조달정책 입안자, 공공 발주자와 공급자 그리고 조달 베스트프랙티스에 대한 정보를 얻고 싶은 모든 사람이 자유롭게 활용할 수 있는 기회를 제공하고 있다.

✲ 조달 도구상자 맛보기

이 도구상자 안에 담겨진 수백 가지 내용물 모두를 이 책에서 소개하는 것은 무리일 것 같다. 대신 이 도구상자 안에 있는 내용물 중 재미있는 자료 하나만 꺼내서 한번 맛이라도 보자.

「대형 사업을 망치는 원리」[59]라는 자료는 불과 두 페이지에 불과한 '작은' 자료이지만 그 내용은 아주 '크다'. 이 자료에서는 대형 사업이 실패하는 원인을 4개 부문 27개로 제시하고 있다.

표 3-4 대형 사업을 망치는 원리

실패 부문	주요 실패 원인
적정 자원과 커뮤니케이션 전략 개발 실패	• 비즈니스 기술과 지식을 갖춘 전문 인력의 부족 • 전문가 적시 활용 실패 • 지적(知的) 고객(informed customer)으로서의 역량 부족 • 전(全) 조달단계에 걸쳐 요구되는 적절한 커뮤니케이션 전략 부재
부적절한 계약	• 비즈니스 오너(business owner)에 대한 명확한 정의 실패 • 사업 관련 주체(stakeholders)의 적절한 참여 부재 • 상급 경영진(senior management)의 지지와 헌신 부족 • 사업 변경사항이 유발시키는 영향에 대한 커뮤니케이션 부재 • 리스크 매니지먼트에 대한 고려 부족 • 핵심 현안에 대한 협의 지체 • 퍼포먼스, 품질, 사업비 등에 대한 관리대책 미흡 • 현재 상황, 변화의 장벽, 미래의 서비스에 대한 공감대 부족
계약관리 실패	• 계약관리를 위한 적절한 관리자원 미흡 • 발주자 팀과 공급자 팀 간의 기술 및 경험 부조화 • 계약 환경, 복잡성, 연관 관계 등에 대한 이해 부족 • 공급자의 계약 가정(assumptions)에 확인 실패 • 의사결정에 관한 권한 및 책임 불명확 • 성과측정 부재 • 대안보다는 현안에 안주 • 리스크 모니터링 및 관리 실패
변화관리 실패	• 미래 변화에 대한 모니터링 실패 • 비즈니스 요구사항에 대한 상급 경영진의 참여 및 확정 실패 • 비즈니스 변화 모니터링 실패로 인한 사업 범위 관리 실패 • 변화 관리 시스템 부재 • 선행적 사고 실패 및 탈출 전략(exit strategy) 부재 • 혁신에 대한 공급자 인센티브 부족 • 분쟁 해결을 위한 효율적 절차 부재

59) Office of Government Office, How major service contracts can go wrong.

이 자료 이외에도 다양한 실무 자료가 성공적인 조달 도구상자(SDT)에 담겨있어 정부 및 공공 발주자가 혁신적인 조달을 실행하는데 좋은 지적 자산으로 활용되고 있다. 조달 베스트 프랙티스의 지식관리를 가장 대표적으로 보여주는 좋은 사례이다.

05 일류 건설 프로그램 운영 : Achieving Excellence in Construction

※ 개요

일류 건설(AEC) 프로그램은 영국 정부가 주도하는 대표적인 공공 조달 혁신프로그램이다.[60] 이 프로그램의 명칭을 통해 「일류 공공 건설사업의 달성」이 영국 정부에게 얼마만큼 중요한 과제로 다루어지고 있는지 가늠할 수 있다.

이 프로그램의 총괄적인 주관은 정부상무청(OGC)이 담당하고 있으며[61] 보다 정확하게는 「Smarter Construction Division」이라는 아주 재미있는 명칭을 가지고 있는 부서에서 담당하고 있다. 이 부서의 명칭을 문자 그대로 번역하면 「더 똑똑한 건설을 위한 담당 부서」이다. 부서 이름 조차에서도 혁신의 냄새를 강하게 풍기고 있다.

비록 일류 건설(AEC) 프로그램을 정부상무청(OGC)에서 총괄 주관하고 있기는 하지만 정부상무청(OGC)은 공공사업을 직접 발주하거나 관리하는 시행청이 아니기 때문에 실질적인 운영 주체는 각 공공 발주기관이다. 정부상무청(OGC)에서 일류 건설(AEC) 프로그램의 목표, 중점 추진분야와 과제, 실천사항, 추진일정 등을 제시하고 이를 공공 발주기관에서 추진하며 정부상무청(OGC)은 실천 과정을 모니터링하고 관리하는 형태로 운영된다. 일류 건설(AEC) 프로그램은 건설재인식 운동이 직접적인 계기가 되어 착수되었다. 따라서 일류 건설(AEC) 프로그램은 건설재인식 운동의 중앙 정부 버전(version)이라고 이해하면 좋을 듯하다.

60) 일류 건설(AEC) 프로그램은 중앙 정부 부처 및 산하 기관을 대상으로 한다.
61) 2000년 정부상무청(OGC) 설립 이전에는 재정경제부(HMT)가 이 프로그램을 주관하였다.

시간의 흐름 속에서 살펴보면 레이썸 보고서(1994년) 발간 이후, 레빈 보고서(1995년)가 발간되고 1997년부터 정부 건설조달 가이드(GCPG) 발간 작업이 시작됨에 따라 조달혁신의 노력이 무르익어 간다. 이즈음에 1998년 건설재인식 운동이 착수되면서 영국 정부의 조달혁신 노력이 더욱 탄력을 받게 되고 일류 건설(AEC) 프로그램이라는 형태로 전개된다.

일류 건설(AEC) 프로그램의 목표는 공공 조달의 퍼포먼스 향상을 통한 투자가치 달성이며 1단계(1999년~2002년)와 2단계(2003년~2005년)로 나누어 진행되었다. 당초 1단계만을 목표로 하였으나 성공적인 운영과 성과에 고무되어 2단계로 연장 운영되었다.

이미 설명한 Gateway 프로세스도 일류 건설(AEC) 프로그램 1단계 추진과정에서 개발된 것이며 일류 건설조달 가이드(AEPG)는 1단계가 종료되는 시점에 개발된 성과품이다.

※ 일류 건설 프로그램 1단계

일류 건설(AEC) 프로그램 1단계는 4대 중점 추진분야와 10개 목표로 진행되었다. 4대 중점 추진분야는 조달혁신의 핵심 키워드인 공공 발주자의 매니지먼트 역량 향상, 공공 건설사업의 성과측정 도입, 표준적인 조달업무 수행, 생산 프로세스 통합성 향상 등이다.

표 3-5 일류 건설(AEC) 프로그램 1단계 중점 추진분야 및 목표

중점 추진분야	목 표	목표치
1. 매니지먼트 역량 향상 • 헌신 및 리더십 • 권한 위임(empowerment) 및 역량 강화 • 일관성 있고 정교한 사업관리	프로젝트 스폰서 위촉 및 권한 위임 : 모든 공공 발주자는 프로젝트 스폰서(Project Sponsor)를 위촉하고 권한을 위임한다.	100%
	연간 교육 · 훈련 목표 달성	100%
	사업관리 베스트프랙티스 실천: 모든 공공 발주자는 사업관리 베스트프랙티스를 활용한다.	100%
2. 성과측정 도입 • 성과측정지수(KPI) 활용 • 프로젝트 사후평가 • 공공 발주자 퍼포먼스 조사	KPI 활용 : 모든 공공 발주자는 성과측정지수를 활용한다.	100%
	프로젝트 사후평가 실시 : 모든 공공 발주자는 프로젝트 사후평가를 실시한다.	100%
	공급자 만족도 조사 : 공공 발주자에 대한 공급자(건설산업계)의 만족도 점수	90%
3. 표준적 조달 업무 수행 • 표준 업무 분야 – 투자가치 지향적 조달 의사결정 – 리스크 매니지먼트 및 가치 매니지먼트 – 성과물/성능 시방 – 생애주기비용분석 – 변경통제절차 • IT 활용 및 문서처리 표준화	표준적 조달 업무 수행 : 모든 공공 발주자는 (베스트프랙티스를 기반으로 하는) 표준적인 조달 업무를 수행한다. ※ Gateway 프로세스가 개발된 배경이다.	100%
	혁신 기술 활용 : 모든 공공 발주자는 퍼포먼스 향상을 위한 다양한 혁신기술을 활용한다.	100%
4. 생산 프로세스 통합성 향상 • 팀웍킹 및 파트너링 • 통합적 조달방식 활용	팀웍킹 및 파트너링 활용 : 모든 공공 발주자는 팀웍킹/파트너링을 적절하게 활용한다.	100%
	통합적 공급연쇄 기반의 혁신적 조달 : 모든 공공 발주자는 통합적 공급연쇄를 기반으로 하는 혁신적인 조달 전략을 활용한다.	100%

2002년에 종료된 일류 건설(AEC) 프로그램 1단계에 대한 평가는 2003년에 「성공의 구축과 미래 전략: Building on Success–The Future Strategy for Achieving Excellence in Construction」이라는 보고서로 발간되었다.[62]

62) Office of Government Commerce(2003) Building on Success–The Future Strategy for Achieving Excellence in Construction.

표 3-6 일류 건설(AEC) 프로그램 1단계 목표치 및 달성치 비교

중점 추진분야	목 표	목표치	달성치
1. 매니지먼트 역량 향상	프로젝트 스폰서 위촉 및 권한 위임	100%	100%
	연간 교육 · 훈련 목표 달성	100%	100%
	사업관리 베스트프랙티스 실천	100%	93%
2. 성과측정 도입	성과측정지수(KPI) 활용	100%	43%
	프로젝트 사후평가 실시	100%	93%
	공급자 만족도 조사(점수)	90%	79%
3. 표준적 조달 업무 수행	표준적 조달 업무 수행	100%	93%
	혁신 기술 활용	100%	93%
4. 생산 프로세스 통합성 향상	팀워킹 및 파트너링 활용	100%	100%
	통합적 공급연쇄 기반의 혁신적 조달	100%	100%

이 보고서에서는 지난 3년간의 프로그램 운영 결과를 다음과 같이 총평하고 있다.

- 일류 건설(AEC) 프로그램 1단계 목표 중 절반 정도는 계획된 목표치를 달성하였으며 나머지 1/4 정도는 90% 이상 목표치를 달성하였다.
- 공공 발주기관들이 일류 건설(AEC) 프로그램을 적극적으로 수용하고 실천해왔으며 그 결과로 공공사업의 투자가치가 향상되는 증거들이 나타나기 시작했다.
- 지속적인 혁신과 변화를 위한 견고한 기초가 다져져 왔으며 일류 건설(AEC) 프로그램의 연장에 대한 강한 필요성이 대두되고 있다.
- 일류 건설(AEC) 프로그램 운영에 대한 공공 발주기관 경영진의 시시가 확보되어 왔다.
- 정부 건설조달 가이드(GCPG)에 대한 공공 발주기관의 평가는 매우 우수한 것으로 나타나고 있다.
- 최고가치 및 생애주기비용분석의 개념에 대한 이해가 공공 발주기관의 재무 및 감사 부서에서 증진되고 있다.

정부상무청(OGC)은 공공 발주자들이 일류 건설(AEC) 프로그램을 적극적으로 운영하여 대부분의 목표치를 달성한 것에 대해 매우 긍정적으로 평가하고 있다. 결과적으로 1단계는 성공적이었다는 평가를 내리고 있다.

그러나 이러한 평가는 정부상무청(OGC)의 자평(自評)적인 성격이 있기 때문에 보다 객관적인 평가를 위해서는 외부 평가를 참조할 필요가 있다. 그 중 감사원(NAO: National Audit Office)의 평가가 가장 객관적이고 대표성이 있다.

2001년 감사원(NAO)에서는 「건설 현대화: Modernising Construction」[63]라는 제목의 보고서를 발간하였다. 이 보고서에서는 레이썸 보고서 이후 진행되었던 다양한 혁신 노력에 대한 평가를 내리고 향후 실천사항을 제시하고 있다. 그 중 대표적으로 언급되고 있는 혁신사례가 건설재인식 운동과 일류 건설(AEC) 프로그램이다.

감사원(NAO)에서 이 보고서를 발간한 시점은 일류 건설(AEC) 프로그램 1단계의 시행 중반 단계이었기 때문에 운영 결과에 대한 평가는 내리지 않고 있다. 다만, 일류 건설(AEC) 프로그램이 공공 조달혁신을 위해 적절한 전략을 제시하고 있다고 평가하며 이를 적극적으로 추진해야 한다는 지지를 보내고 있다. 또한 조달 베스트프랙티스를 보다 널리 보급하는 일에 주력해야 한다는 권고 사항도 제시하고 있다.

참고로 이 보고서에서 감사원(NAO)은 공공 발주자들이 성과측정을 적극적으로 실시할 것과 효과적인 건설 고객이 되기 위한 교육 · 훈련을 지속할 것을 권고하고 있다.

일류 건설(AEC) 프로그램 1단계의 성과에 대한 조사를 하면서 한 가지 아쉬움으로 남은 것은 보나 총괄적이고 가시적인 성과를 파악할 수 없었다는 것이다. 물론 개별사업에 대한 다수 성공 사례와 성과들은 보고되고 있지만 총괄적인 성과 향상에 대한 결과 보고는 나타나고 있지 않았다.

특히 공공사업 전체에서 공사비, 공기 측면의 성과 향상과 어느 정도의 투자가치 향상이 정량적으로 달성되었지 총괄적으로 파악하기 어려웠다는 것이다. 여기에는 몇 가지 이유가 있는 것으로 분석되었다.

첫째는 일류 건설(AEC) 프로그램 1단계의 목표가 공사비 절감, 공기 단축, 투자가치 향상 등의 결과적인 사업성과 목표치(output targets)로 설정되어 있는 것이 아니라 조달혁신을 추진하는 업무 달성 목표치(process targets)로 설정되어 있었기 때문이다.

즉, 위에 제시된 10개 목표를 살펴보면 조달혁신을 위해 어떠한 업무가 추진되어야 하고 그 추진 여부를 평가하는 것이기 때문에 사업성과 달성치 관점에서 일류 건설(AEC) 프로그램 1단계를 평가하기 어렵다는 것이다.

63) National Audit Office(2001) Modernising Construction.

둘째는 결과적인 사업성과 달성치를 파악하기 위해서는 성과측정지수(KPI)를 통한 정량적인 평가가 이루어지고 이를 총괄적으로 집계하는 과정이 필요하다. 그러나 이 부문의 성과는 부진(43%) 한 것으로 나타나고 있다. 따라서 일류 건설(AEC) 프로그램 1단계가 종료되는 시점에서 공공 발주자들이 성과측정지수(KPI)를 활용하는 실적이 부진했기 때문에 총괄적이고 결과적인 사업성과의 달성 정도를 파악하기 어려웠을 것이다.

참고로 공공 발주기관이 성과측정지수(KPI)를 채택할 수 있는 여건이 조성되기 시작한 시기는 2001년 12월부터라고 보고되고 있다. 따라서 일류 건설(AEC) 프로그램 1단계가 종료된 2002년 3월 시점과 비교하면 목표치(100%)를 달성하기에는 충분한 시간이 없었던 것으로 파악된다. 이런 관점에서 본다면 실제 달성치(43%)가 그다지 부진한 것은 아니라고 할 수 있다.

마지막으로 일류 건설(AEC) 프로그램 1단계는 조달혁신을 위한 환경, 시스템과 인프라를 구축하는 단계였다. 결국 조달혁신을 본격적으로 추진하기 위해 '밭을 일구고 씨를 뿌리는' 단계이었기 때문에 '열매'를 맺기에는 다소 이른 감이 있었다고 할 수 있다.

비록 일류 건설(AEC) 프로그램 1단계에 대한 성과를 공사비 절감, 공기 단축, 투자가치 향상 등의 관점에서 총괄적으로 파악하기는 어렵지만 이것이 일류 건설(AEC) 프로그램 1단계의 가치를 평가절하 하지는 않는다.

개별 성공사례들과 관련 보고서, 언론 기사 등을 통해 살펴보면 일류 건설(AEC) 프로그램이 공공 조달혁신의 동력을 제공하고 있으며 변화와 성과가 나타나고 있다는 것을 파악할 수 있다. 또한 일류 건설(AEC) 프로그램이 2단계로 연장 운영되었다는 것도 이 프로그램이 그간 긍정적인 성과를 거두었다는 간접적인 척도가 될 수 있다.

※ 일류 건설 프로그램 2단계

일류 건설(AEC) 프로그램 2단계는 2003년~2005년에 진행되었으며 2단계의 중점 추진 분야와 주제는 1단계와 동일하다. 다만, 1단계와 비교하여 두드러진 차이점은 달성 목표가 매우 구체적이고 정량적으로 설정되었다는 것이다. 목표의 성격도 업무 달성 목표치가 아니라 사업성과 목표치로 설정되었다. 이는 1단계를 통해 조달혁신을 위한 기반이 구축되었고 2단계에서는 그 열매를 맺어야 한다는 영국 정부의 의지를 반영하는 것이라고 할 수 있다.

전략 목표(Strategic Targets)라고 불리는 2단계의 달성 목표는 딱 두 개 뿐이며 Gateway 프로세스와 연계되어 있다.

제 1 전략 목표는 공공사업 퍼포먼스 향상에 관한 것이며 2003년 4월 1일~2005년 3월 31일 시점에서 Gate 5(성과분석 단계)에[64] 도달한 공공사업의 70%[65]는 다음 목표를 달성해야 한다.

- 공기 준수(on time)
- 예산 준수(within budget)
- 고객 및 관련 주체의 기대 수준 능가(to exceed consumer and stakeholder expectations)
- 무하자(zero defects)

제 2 전략 목표는 입찰 기간의 단축에 관한 것이며 Gate 2(입찰 시작)에서 Gate 3(낙찰자 선정)까지의 기간을 다음과 같이 단축하는 것이다.

- Gate 2에서 Gate 3까지 보통 1년 이상의 시간이 소요되는 공공사업은 25% 입찰 기간 단축
- 나머지 공공사업은 15% 입찰 기간 단축

일류 건설(AEC) 프로그램 2단계의 전략 목표를 살펴보면 몇 가지 흥미로운 특징을 살펴볼 수 있다.

첫째는 이미 설명한 바와 같이 1단계와는 달리 매우 구체적이고 정량적인 사업성과 목표치를 설정하였다는 것이다.

둘째는 부진을 '정상' 으로 되돌려 놓겠다는 의지를 반영하고 있다는 것이다. 건설사업에서 공기 준수나 예산 준수는 '지극히 정상적이고 당연한 것' 이다. 그러나 현실은 그렇지 않았다.

64) Gateway 프로세스에 의하면 Gate 5(성과분석 단계)는 해당 사업의 종료 단계를 의미한다.
65) 사업비를 기준으로 한 백분율이다.

영국 공공사업의 경우도 공기 준수와 예산 준수는 '지극히 정상적이고 당연한 것' 이 아니었고 심각한 성과 부진의 문제점을 지니고 있었다. 이를 바로 잡겠다는 것이다. 물론 공기 단축, 예산 절감 같은 보다 '용감한' 목표를 세울 수도 있었을 것이다. 그러나 영국 정부의 선택은 '소박한' 것이었다. 일단 부진을 정상을 되돌려 놓는 것이 우선이라는 것이다. 공공사업에서 공기 연장과 예산 초과가 공기 준수와 예산 준수로 바뀐다면 이는 실질적으로 공기 단축, 예산 절감과 다를 바 없는 것이기 때문이다. 이러한 관점은 무하자 목표에서도 마찬가지라고 할 수 있다.

셋째는 도전적인 단축 목표도 제시하고 있다는 특징이다. 제 2 전략 목표의 경우, 입찰 기간을 실질적으로 단축하겠다는 목표를 제시하고 있다. 무모하게 '빨리 빨리' 하는 것이 아니라 Gateway 프로세스 통한 조달 베스트프랙티스 실천이라는 기본 전제 속에서 입찰 기간을 단축시키는 것이다.

06 정부상무청의 조달혁신 노력이 열매를 맺었는가?

※ 자평과 언론 평가

지금까지 정부상무청(OGC)의 다양한 조달혁신 노력과 전략에 대해 알아보았다. 이제 당연한 관심사나 궁금증은 과연 이러한 노력들이 결실을 맺었는가 하는 것이다. 혹시 공허한 전략과 혹세무민(惑世誣民)하는 키워드만 남발하며 폼만 근사하게 잡고 결국은 알맹이가 없는 페이퍼(paper) 상의 혁신은 아니었는가?

정부상무청(OGC)에서 제공하고 있는 각종 자료를 살펴보면 일류 건설(AEC) 프로그램을 포함한 일련의 조달혁신 노력과 전략이 그간 매우 성공적이었고 앞으로도 지속될 것이라는 '자신감' 을 엿 볼 수 있다. 이것만으로는 좀 부족한 듯싶다. 자평(自評)이라고 치부해 버릴 수 있는 위험성이 있기 때문이다.

물론 일류 건설(AEC) 프로그램에 대한 언론 보도를 통해 이 프로그램이 상당한 호평(好評)을 받고 있다는 것도 발견할 수 있다. 이 역시 구체적인 수치가 없이는 공허한 평가 일 수 있다.

※ 감사원 평가

역시 감사원(NAO) 평가를 참조하는 것이 가장 객관적이고 구체적이다. 2001년 감사원(NAO)에서 「건설 현대화」 보고서를 발간한 이후, 2005년에 「보다 나은 건설을 통한 공공 서비스 개선: Improving public services through better construction」이라는 보고서를 발간한다.[66] 2001년에 이후에 진행된 공공 조달혁신에 대한 2차 평가 보고서로 이해하면 될 것 같다.

이 보고서의 내용 중에는 그간 진행된 조달혁신의 성과를 평가하기 위해 감사원(NAO)에서 142개 공공사업의 성과를 분석한 결과가 제시되어 있다. 공공사업의 사업기간 및 예산 준수가 실제로 향상 되었는가를 분석 초점으로 하였다. 일류 건설(AEC) 프로그램 1단계가 착수된 1999년을 기준점(baseline)으로 하여 2004년 12월 시점에서의 성과를 상호 비교하였다. 비록 일류건설(AEC) 프로그램 2단계가 완전히 종료되지 않은 시점에서 이루어진 평가이지만 어느 정도 혁신 성과를 가늠해 볼 수 있다.

표 3-7 일류 건설(AEC) 프로그램 2단계 성과

구분	1999년도 퍼포먼스	AE 프로그램 전략 목표(2단계)	2004년 퍼포먼스
예산 준수율	25%의 공공사업만이 예산 준수	공공사업의 70% 예산 준수	55%의 공공사업이 예산 준수 또는 절감
사업기간 준수율	34%의 공공사업만이 준수	공공사업의 70% 사업기간 준수	63%의 공공사업이 사업기간 준수

위에 제시된 성과를 살펴보면 그간 정부상무청(OGC)의 조달혁신 노력이 결실이 맺고 있다는 것이 확연하게 들어나고 있다. 물론 전수(全數) 조사를 실시한 것이 아닌 142개의 샘플 조사 결과라는 한계점은 있으며 감사원(NAO)에서도 이를 인정하고 있다.

그러나 감사원(NAO)에서는 일류 건설(AEC) 프로그램의 성과에 대해 "퍼포먼스 향상의 추세는 명확하게 나타나고 있다: A clear trend of improving performance is emerging"라고 평가하고 있다. 결국 정부상무청(OGC)의 조달혁신 노력이 공허하거나 혹세무민(惑世誣民)이 아니었다는 것은 증명된 셈이다.

66) National Audit Office(2005) Improving public services through better construction..

감사원(NAO)은 한 가지 비교를 더 실시하였다. 중앙 정부의 조달 퍼포먼스가 민간 및 전체 공공 발주자(지자체 포함)의 조달 성과보다 우수한 지를 비교한 것이다. 이 비교를 살펴보면 중앙 정부의 조달 성과가 얼마만큼 향상되었고 일류 건설(AEC) 프로그램이 조달혁신에 얼마만큼 큰 영향을 주었는지 알 수 있다.

표 3-8 중앙 정부 조달의 성과

구분	과거 퍼포먼스		현재 퍼포먼스	
	민간 및 공공 (2000년 기준)	중앙 정부 (1999년 기준)	민간 및 공공 (2004년 기준)	중앙정부 (2004년 기준)
예산 준수율	50%	25%	50%	55%
사업기간 준수율	28%	34%	44%	63%

✲ 공공 예산 절감이 이루어졌는가?

감사원(NAO)은 흥미로운 분석을 한 가지 더 실시하였나. 일류 건설(AEC) 프로그램의 성과를 예산 절감액으로 환산한 것이다. 감사원(NAO) 분석에 따르면 1999년 이후 공공사업의 예산 증가율이 6.5%에서 4.1%로 낮아진 것으로 나타나고 있다. 즉, 2.4%의 예산 절감이 달성된 것이다. 이를 조사 대상이었던 142개 사업의 총계 예산인 약 2조 원에 적용하면 약 490억 원의 실질적인 예산 절감이 일어난 것이다. 이 절감 비율을 2003년도 전체 공공 건설예산(약 57조원)에도 적용하여, 약 1조 3천 6백억 원 절감이라는 수치를 감사원(NAO)에서는 도출해냈고 이를 투자가치 향상을 통한 절감액(value for money savings)이라고 지칭하였다. 물론 이 수치는 실제 절감액을 조사 · 분석한 것이 아니라 일류 건설(AEC) 프로그램의 성과가 모든 공공사업에서 동일하게 나타났을 때를 가정해서 도출한 시나리오 분석 결과이다. 참고로 2006년 현재, 감사원(NAO)이 추정하고 있는 절감액은 약 4조 4천억 원 정도로 전체 공공 건설예산의 약 10%~12%에 이르는 대단한 규모이다. 일류 건설(AEC) 프로그램이 영국 정부에 '선물할 수 있는' 예산 절감액을 추정한 것이다.

감사원(NAO)은 공공사업 조달혁신의 성과가 정부 재정에 얼마나 많은 보탬을 줄 수 있음을 확인 할 수 있었고 자연스럽게 지속적인 조달혁신을 강력하게 권고하고 있다. 일류 건설(AEC) 프로그램을 포함한 정부상무청(OGC)의 다양한 조달혁신 전략과 해법은 성공적이었고 지금도 현재 진행형이다. 만일 이런 성과가 부럽고 우리 정부도 이런 절감액을 필요로 한다면 일류 건설(AEC) 프로그램을 포함한 영국 정부의 조달혁신 전략과 해법을 결코 가볍게 볼 일이 아니다. 만일 일류 발주자, 일류 조달시스템을 통해 국가 건설예산의 10%~12%를 절감할 수 있다면 정부가 공공 건설사업의 혁신에 발 벗고 나설 충분한 동기가 되지 않겠는가?

이 대목에서 사족(蛇足)을 하나 달아야겠다. 덜컥 무서운 생각이 하나 들기 때문이다. 혹시나 국가 건설예산의 10%~12%를 '손쉬운 방법'으로 절감하겠다고 잘못된 해법을 들이댈까 봐 겁이 나기 때문이다.

혹시나 건설 예산을 간단한 페이퍼 웍(paper work)을 통해서 '무자비하게' 감액하고 그것을 절감이라고 자화자찬(自畵自讚)하거나 최저가 낙찰제도의 강화나 확대를 예산 절감의 해법으로 판단하는 오류를 범할까 기우(杞憂)가 앞선다.

영국 정부는 왜 최저가 낙찰제도를 폐기하였는가?

영국의 공공 건설사업에서 최저가 낙찰제도가 최초로 시행된 시기에 대한 정확한 기록은 찾기 어렵지만 근대적 의미의 공공 조달제도가 형성되면서 자리 잡았다고 추정해 볼 수 있다. 그러나 1990년대 후반에 영국의 공공 건설사업에서 최저가 낙찰제도는 폐기되었다. 레이썸(Latham) 보고서, 이간(Egan) 보고서, 레빈(Levene) 보고서 등 일련의 혁신 보고서의 영향으로 공공 조달 혁신이 추진되면서 나타난 결과이다.

최저가 낙찰제도가 폐기된 가장 주요 원인은 공공 발주자의 투자가치(VFM) 달성 실패와 공공 발주자와 건설산업계간의 적대적 관계 심화로 알려지고 있다. 즉, 최저가 낙찰제도가 표면적으로는 정부 예산을 절감하는 것처럼 보였지만 궁극적으로는 '비싼' 낙찰자 선정방식이었고 건설산업계 역시 '전투적인' 성향으로 건설 고객(발주자)을 대할 수밖에 없었다. 그 결과는 공공 발주자와 건설산업계 모두 패자(敗者)가 되는 것이었다.

물론 영국과 한국의 건설산업 환경과 문화에 차이가 있기 때문에 영국에서 실패한 최저가 낙찰제도가 한국에서도 실패할 것 이라는 증거는 없다. 동시에 성공할 것이라는 증거도 없다.

따라서 최저가 낙찰제도의 대안(代案)에 대한 철저한 준비 없이 최저가 낙찰제도의 폐기를 주장하는 것도 모험이지만, 글로벌 스탠더드에서 퇴출당하고 있는 최저가 낙찰제도를 무리하게 확대하는 것 역시 무모할 수밖에 없다.

최소한 영국 성공사례의 경우, 최저가 낙찰제도는 예산 절감의 해법이 아니라 낭비의 해법이라는 것을 증명하고 있다. 조달혁신을 추진하는 과정에서 제일 먼저 최저가 낙찰제도 폐기한 것이 그 증거이다.

우리보다 오랜 기간 그것도 나름대로 앞선 역량과 시스템을 가지고 있던 국가에서 최저가 낙찰제도를 폐기한 것에는 그만한 이유가 있기 때문이다. 처절하게 시행착오를 겪어보고 부정적인 결과의 쓴 맛을 본 경험을 바탕으로 백기(白旗)를 든 것이다. 혹시 우리는 남이 버린 백기(白旗)를 승전기(勝戰旗)로 집어 들고 있지는 않은지 경계해야 한다.

국가 건설예산을 절감하겠다는 의지만 앞세우고 체계적인 전략이나 '내공' 없이 채택하는 어설픈 해법들의 특징은 건설산업계를 압박하는 것이다. 건설산업계를 압박하거나 혁신시켜 그 '열매' 를 보겠다는 것이다. 별 효과가 없을 것이다.

정부와 공공 발주자의 혁신을 통해 건설산업계를 혁신시키는 것이 전제되지 않으면 일시적인 효과가 있는 것처럼 현혹될 수 있지만 지속성은 없다는 것을 명심해야 한다. 그 결과로 정부와 공공 발주자 또는 사용자는 대가를 치러야하고 건설산업계는 막다른 골목으로 몰리게 될 것이다. 승자는 없고 패자만 있는 게임을 할 이유가 있는가?

07 정부상무청의 최근 동향

이 책을 집필하는 시점에서 일류 건설(AEC) 프로그램이 3단계로 진행될 것인지 아니면 업그레이드된 다른 혁신 프로그램으로 대체될 것인지에 대한 정보는 확인되지 않고 있다. 현재 일류 건설(AEC) 프로그램 2단계의 성과에 대한 데이터 수집과 평가가 이루어지고 있고 그 결과가 발간될 예정으로만 알려지고 있다.

그렇다고 현재 각 공공 발주기관이 조달혁신을 중단하였다는 것을 의미하는 것은 아니다. 현재도 일류 건설(AEC) 프로그램이 일으킨 모멘텀(momentum)을 잃지 않고 지속적인 조달혁신을 각 공공 발주기관에서 추진하고 있다는 것을 확인할 수 있다.

또한 정부상무청(OGC)을 통한 영국 정부의 조달혁신 노력이 계속되고 있다는 것도 확인할 수 있다. 그 대표적인 사례가 공공 건설 발주자 포럼(PSCCF, Public Sector Construction Clients Forum)의 발족이다. 이 포럼은 2005년 말에 발족되었으며 주요 정부기관 및 공공 발주기관의 고위직 인사(high-level representatives)들로 구성되어 있다.

이 포럼은 이미 소개한 2005년 감사원(NAO)의 「보다 나은 건설을 통한 공공 서비스 개선」 보고서의 한 권고사항이 계기가 되어 발족되었다. 이 보고서에서는 조달혁신을 위해 요구되는 공공 발주자의 리더십과 상호 코디네이션을 강화할 수 있는 포럼을 정부상무청(OGC)의 주도 하에 결성할 것을 권고하였다.

이 권고사항은 정부상무청(OGC)에 의해 수용되었고 그 결과로 공공 건설 발주자 포럼(PSCCF)이 발족되었다. 현재 이 포럼은 건설 수요 및 공급 분과, 생애주기 투자가치 분과, 베스트프랙티스 분과, 공정거래 분과 등 4개 분과(Working Group)로 구성되어 운영되고 있으며 주요 활동 목표는 다음과 같다.

- 공공 부문 건설 조달의 변화 주도
- 공공 건설사업의 수요, 공급 및 퍼포먼스 평가
- 일류 건설(AEC) 프로그램의 지속적인 운영 및 베스트프랙티스 실천 강화 주도
- 건설 조달 퍼포먼스 향상을 위한 혁신 독려

공공 건설 발주자 포럼(PSCCF)의 발족과 정부상무청(OGC) 홈페이지의 최근 정보를 살펴보면 일류 건설(AEC) 프로그램이 수명을 다하거나 영국 정부의 조달혁신 노력이 중단될 것 같은 징후는 전혀 보이지 않고 있다. 오히려 이를 보다 적극적으로 추진하겠다는 의지, 용기 그리고 자신감을 엿볼 수 있다.

또한 세계 각지에서 정부상무청(OGC)을 초대하여 초청 세미나를 열고 있는 것을 발견할 수 있다. 미국, 일본, 싱가포르, 호주, 캐나다 등 다양한 국가에서 영국 정부의 공공 조달혁신을 성공사례로 평가하고 이를 벤치마킹하고 있다는 것이다.

일류 공공 건설사업을 향한 영국 정부의 노력. 우리도 향후 지속적으로 눈을 떼지 말고 주시할 필요가 있다.

08 혁신을 위해 민간과 공조하다

✲ 개요

정부상무청(OGC)의 공공 조달혁신을 위한 노력은 고립된 것이 아니다. 이미 설명한 바와 같이 현재 영국에서는 총체적인 건설산업 혁신 운동이 전개되고 있으며 영국 정부의 공공 조달혁신은 그 중 공공부문의 혁신 노력에 해당되는 것이다.

레이썸 보고서의 영향으로 1995년 건설산업위원회(CIB, Construction Industry Board)가 결성되어 2001년까지 건설산업 혁신을 위해 다양한 활동을 전개하였다는 것은 이미 소개한 바 있다.

2001년 건설산업위원회(CIB)가 발전적으로 해체되면서 탄생된 후신(後身) 중 하나가 2001년 7월에 결성된 건설산업전략포럼(SFC, Strategic Forum for Construction)이다. 건설산업전략포럼(SFC)은 건설재인식 운동의 원칙과 전략을 정부, 발주자 및 건설산업계가 공동으로 실천하자는 목적으로 발족된 산학연관 공동 포럼이며 초대 의장직은 건설재인식 운동의 주창자인 이간(Egan)이었다.

건설산업전략포럼(SFC)에는 건설산업의 생산 환경, 생산 시스템 및 생산 활동과 직간접으로 연관되어 있는 20여개의 산학연관 관련기관이 광범위하게 참여하고 있다. 이는 건설산업 혁신에 대한 관심과 참여가 산학연관으로 확대되었음을 반영하는 것이다.

건설산업전략포럼(SFC)에서 중점적으로 다루고 있는 주요 현안으로는 건설재인식(現 건스트럭팅 엑설런스) 운동 지원, 베스트프랙티스 보급과 실천, 건설산업의 이미지와 문화 쇄신, 인적자원 육성 및 확보 등을 들 수 있다.

건설산업전략포럼(SFC)이 지니는 중요한 의의는 건설산업 혁신 현안에 대해서 산학연관이 공동으로 논의할 수 있는 장(場)이 형성된 것이다. 동시에 레이썸 보고서나 건설재인식 운동에서 강조하고 있는 산학연관 파트너십 구축의 중요성이 지속적으로 인식되고 실천되고 있다는 증거이기도 하다. 정부상무청(OGC)과 통상산업부(DTI)도 이 포럼에 참여하고 있으며 정부 측 파트너로서 활동하고 있다.

표 3-9 건설산업전략포럼 참여기관: 발족 당시 기준

기관명	기관 개요
British Property Federation	부동산개발회사, 부동산투자회사, 금융회사, 보험기금 등 부동산의 발주자와 투자자를 대표하는 영국의 부동산협회
Commission for Architecture and the Built Environment	건축문화 및 건축기술의 향상을 촉진하기 위해 설립된 공공위원회
Confederation of Construction Clients	건설산업의 민간 및 공공 발주자(기관)들로 구성된 연합회로 발주자의 Best Practice 실천을 주요 활동 목표로 함.
Construction Confederation	건설관련 주요 7개 단체의 연합회로 British Woodworking Federation, Civil Engineering Contractors Association, House Builders Federation, Major Contractors Group, National Contractors Federation, National Federation of Builders, Scottish Building 등이 이에 속함.
Construction Industry Council	건설산업의 전문기술자협회(professional bodies), 연구기관, 전문건설관련협회 등이 모여 결성된 연합회.
Construction Industry Training Board	건설산업의 기능인력 육성 및 교육훈련을 담당하는 공공 교육훈련기관.
Construction Products Association	건설자재의 제조업체 및 공급업체를 회원으로 하는 건설자재협회.
Construction Research and Innovation Strategy Panel	건설산업의 연구개발 및 혁신 분야를 발굴하고 가이드 하는 역할을 담당하는 민관공동패널.
Constructors Liaison Group	전문건설업체를 대표하는 협회.
Department of Trade and Industry	통상산업부로서 건설산업과 관련된 정책을 수립하고 건설산업을 후원하는 역할을 담당하는 정부부처.
Design Build Foundation	80여 개의 주요 발주자(기관), 건설회사, 설계 · 엔지니어링 · 사업관리 전문회사등이 모여 결성된 조직으로 상호협력체계 구축을 통한 설계 및 시공의 통합성 향상을 주요 목표로 함.
Health and Safety Executive	보건 및 안전과 관련된 사항을 감독 및 지도하고 관련된 지침 및 보고서 등을 발간하는 기능을 담당하고 있는 공공기관.

기관명	기관 개요
Housing Forum	주택부문 건설재인식 운동 추진기관.
Local Government Task Force	지방자치단체 건설재인식 운동 추진기관.
Major Constructors Group	대형 건설업체들로 구성된 연합회.
Movement for Innovation	주택부문을 제외한 건설산업 부문의 건설재인식 운동 추진기관.
Office of Government Commerce	정부상무청으로 공공부문 조달의 효율성 향상을 위한 각종 정책, 제도 및 가이드라인 개발 등의 업무를 담당하는 재정경제부 산하 공공 기관.
Reading Construction Forum	주요 발주자(기관), 건설회사, 설계 · 엔지니어링 · 사업관리 전문회사 등이 모여 건설산업의 경쟁력 및 생산성 향상이라는 목표로 활동하고 있는 포럼으로 레딩대학교(Reading University)에 소재하고 있음.
Rethinking Construction Ltd	건설재인식 운동 총괄 조정 조직.
Trades Union Congress	영국 노동자조합 총연맹.

✲ 변화의 가속화

건설산업전략포럼(SFC)의 발족 이후, 가장 먼저 착수한 활동은 이 포럼의 비전, 목표, 활동방향 및 전략 등을 수립하는 것이었다. 약 1년간의 작업을 통해 2002년 9월「변화의 가속화: Accelerating Change」[67] 라는 혁신 전략보고서가 발표되었다.

제 2의 이간 보고서라고 할 수 있는 이 보고서의 제목은 1998년에 발표된 이간 보고서 이후 건설재인식 운동이 영국 건설산업에서 일으키고 있는 혁신의 바람을 보다 가속시키기 위한 새로운 도전과 전략을 제시하고자 하는 목표와 의도를 반영하기 위해 명명(命名)된 것이다.

이 보고서에서는 건설산업전략포럼(SFC)의 비전을 "세계 일류수준의 생산품과 서비스의 지속적인 공급을 통해 발주자 및 사용자의 가치를 극대화하고 그들의 기대를 초과 달성하는 건설산업이 된다"로 제시하고 있다. 또한 이러한 비전을 달성하기 위하여 건설산업은 다음과 같은 조건을 충족시켜야 한다고 제안하고 있으며 이는 상기 비전의 달성을 위한 전제 조건이라고 할 수 있다.

67) Strategic Forum for Construction(2002) Accelerating Change.

- 건설산업은 발주자에게 가치를 창출해 줄 수 있어야 한다.
- 건설산업은 기능성과 만족감을 향상시키는 양질의 설계를 개발하고 이러한 양질의 설계가 미치는 경제적 · 사회적 가치/공헌을 규명하고 홍보하여야 한다.
- 건설산업은 이윤성이 보다 향상된 산업이 되어야 하고 미래투자를 위한 재원을 확보할 수 있어야 한다.
- 건설산업은 지속가능한 건설인공환경(built environment)을 제공하고 삶의 질을 향상시킬 수 있어야 한다.

건설산업전략포럼(SFC)에서는 상기 비전을 달성하기 위한 3대 핵심과제와 8대 공통과제(cross-cutting issues)를 제시하고 있다.

표 3-10 건설산업전략포럼의 추진과제

구 분	과 제
3대 핵심과제	발주자의 리더십 가속화 Accelerating Client Leadership
	건설생산과정의 통합성 가속화 Accelerating Supply Side Integration and Integrated Teams
	인적자원에 대한 건설문화 변화의 가속화 Accelerating Culture Change in People Issues
8대 공통과제	지속가능한 건설 추구 Sustainability
	설계 품질의 향상 Design Quality
	정보통신기술의 활용 IT and the Internet
	연구개발 및 혁신 R&D and Innovation
	계획시스템의 개선 Planning System
	중소업체의 혁신 참여 Small Medium Sized Enterprises
	주택부문 혁신 Housing
	지속적인 성과측정 Measuring Change

※ 건설산업전략포럼의 활동성과

「변화의 가속화」 보고서에 제시된 3대 혁신과제를 기반으로 건설산업전략포럼(SFC)에서는 6대 중점 추진 분야와 달성 목표를 개발하였으며 이를 구현하기 위한 노력을 그간 경주하여 왔다.

2005년에 발간된 연간 성과보고서를[68] 통해 주요 내용을 한번 살펴보자.

2004년 말을 기준으로 살펴볼 때, 건설산업전략포럼(SFC)의 활동성과는 상당히 우수한 것으로 나타나고 있다. 특히 발주자의 리더십, 통합 프로젝트팀 활용, 기술 인력 확보 및 건설산업 이미지 제고, 디자인 품질 향상 등이 매우 중요한 과제로 다루어지고 있다는 것을 알 수 있다.

건설산업전략포럼(SFC)이라는 공동체(共同體)를 통해 정부, 민간 및 공공 발주자, 건설산업계가 함께 힘과 지혜를 모아 건설산업의 혁신을 주도하고 있다는 것은 매우 주목할 만한 일이다. 혁신에는 동반자를 필요로 한다. 그것이 건설산업전략포럼(SFC)이 주는 메시지이며 정부가 동반자의 역할을 담당하고 있다는 것도 매우 의미 있는 일이라고 할 수 있다.

통합 프로젝트팀(Integrated Project Team)

통합 프로젝트팀이란 사업초기단계에서 구성된 발주자와 건설사업자의 통합 조직을 의미하며 건설사업을 시행하는 공동 주체이다. 건설사업자란 단순히 건설회사만을 의미하는 것이 아니라 설계 · 엔지니어링회사, 유지관리회사, 부문별 전문 컨설팅 회사(예, PM/CM 기업) 등 다양한 건설사업 참여주체를 의미한다. 통합 프로젝트팀에 대한 구체적인 적용 사례는 4장 국립의료서비스(NHS)의 파트너링 전략에 제시되어 있다.

디자인 품질지수(Design Quality Index)

디자인 품질 향상을 위해 활용된 가장 대표적인 매니지먼트 도구(management tool)는 디자인 품질지수(DQI)이다. 이는 디자인 품질을 측정(평가)하기 위해 개발된 도구로써 구체적인 적용 사례는 4장 국립의료서비스(NHS)의 일류 디자인 전략에 제시되어 있다.

68) Strategic Forum for Construction(2005), Annual Report 2004/2005

표 3-11 건설산업전략포럼의 활동성과

목 표	주요내용	추진현황(2004년 말 현재)
목표 1	• 2004년 후반까지 건설사업의 20%가 통합된 프로젝트팀에 의해 수행 • 2007년 후반까지는 상기 목표를 50%까지 달성	• 건설산업 전반에 걸친 설문조사 결과 최소 13%가 통합된 프로젝트팀에 의해 수행되었음. • 통합성 수준에 대한 판정 기준을 상당히 높게 설정하였기 때문에 달성 목표인 20%에는 미치지 못한 것으로 분석됨.
목표 2	• 2004년 후반까지 건설사업의 20%가 발주자 헌장(Clients' Charter)*에 가입한 발주자에 의해 조달. • 2007년 후반까지는 상기 목표를 50%까지 달성	• 2004년 목표 달성되었음. • 발주자의 편의를 위한 새로운 버전의 'Starter Charter'를 2004년 11월에 도입하였음. • 참조: 발주자 헌장(Clients' Charter)이란 인증 발주자(Chartered Client)가 준수해야 할 행동강령을 의미한다. 인증 발주자는 발주자 헌장이 요구하는 베스트프랙티스를 준수할 의무를 지닌다. 다음 장에 제시된 국립의료서비스(NHS)나 고속도로공사(HA)도 인증 발주자 중 하나이다.
목표 3	• 2006년 후반까지 영국 건설산업이 300,000명의 유자격 기술인력을 보유	• 현재 진행 중이며 전망은 상당히 고무적임. • 'Positive Image' 캠페인과 같은 이미지 제고 운동의 영향으로 상당한 인력이 건설산업으로 유입되고 있음.
목표 4	• 2007년 까지 건설관련 고등교육 지원자 50% 증가 • 2010년 까지 매년 교육수료 인원을 13,500명까지 증가	
목표 5	• 2010년 까지 모든 건설사업에 전문 기술인력 공급	
목표 6	• 2004년 까지 500개의 건설사업에서 디자인 품질지수(DQI)를 이용 • 2007년 까지는 디자인 품질지수(DQI)를 이용하는 정부 투자 또는 민자유치사업(PFI)을 60%까지 증대	• 2004년 후반까지 총 600개의 건설사업에서 디자인 품질지수(DQI)를 이용하였음. • 기대 이상의 성과를 거두고 있으며 2007년 목표치도 충분히 달성 가능할 것으로 기대됨.

09 혁신에는 내공이 필요하다

공공 조달혁신을 위한 정부상무청(OGC)의 노력을 집약하면 '조달혁신의 내공쌓기' 로 표현될 수 있을 것 같다. 혁신은 현란한 구호나 풍성한 말잔치로 달성되는 것이 아니다. '머리' 도 따라야 하고 '몸' 도 따라야 한다.

역량 있는 발주자, 조달 베스트프랙티스라는 '머리' 도 있어야 하고 혁신적인 조달을 시행할 수 있는 시스템이라는 '몸' 도 따라야한다. 바로 이런 것들이 조달혁신의 내공이다.

정부상무청(OGC)은 공공사업에서 조달혁신이 실질적으로 일어날 수 있는 내공(기반)을 조성하였다. 조달 혁신의 어젠다와 전략 제시, 조달 베스트프랙티스의 실체화 · 절차화, 다양한 혁신 해법의 발굴과 제공, 공공 발주자 교육 및 훈련, 혁신 프로그램 개발 및 운영 등이 구체적인 사례들이다.

그 결과는 무엇이었는가? 영국 공공 건설사업의 성과와 투자가치가 향상되었고 국가 건설예산이 절감되는 결과를 가져왔다.

이제는 우리도 공공 조달혁신을 위한 내공 쌓기에 지속적이고 장기적으로 투자해야 한다. 하나 하나 짚어보면 그 어느 것 하나 만만한 것이 없고 꽤 많은 고민과 노력이 지속적으로 필요한 것들이기 때문이다.

그간 우리가 추진했던 공공 조달의 개선은 법 · 제도의 제개정이 주류를 이루어왔다. 이제는 보다 구체적이고 실무적인 노력이 이루어져야 한다.

몇 가지 도전적인 질문을 던져보자.

- 공공 건설사업의 투자가치 달성을 위해 현재 우리는 어떤 시스템과 해법을 작동시키고 있는가?
- 우리의 공공 조달 베스트프랙티스는 무엇이고 그것을 알고 싶다면 어디를 참조하면 되는가?
- 공공 발주자가 건설사업을 성공적으로 이끌고 싶다면 무엇을 어떻게 어떤 절차로 실행하면 되는가?
- 관련 법과 제도에 있는 사항들만 준수하면 공공사업을 성공적으로 수행한 것인가?
- 공공 건설사업의 리더인 발주자에게 요구되는 인식과 역량은 무엇이며 이를 교육 · 훈련시키고 있는가?
- 성공적인 공공 건설사업을 위한 발주자의 역할과 실천사항은 무엇인가?
- 공공 건설사업이 제대로 시행되고 있는지 어떻게 중간과정을 점검하고 있으며 그 성과를 평가하고 있는가?

공공 조달혁신을 가만히 따지고 보면 '별 것도' 아니다. 위에 있는 질문들에 제대로 대답할 수 있도록 내공을 쌓아가는 것. 그것이 바로 공공 조달혁신의 과정이다.

우리에게도 공공 조달시스템의 개선을 위한 정책적 · 제도적 노력이 없었던 것은 아니다. 「건설기술진흥기본계획(2003, 3차)」, 「건설산업진흥기본계획(2003, 2차)」, 「건설산업의 선진화 전략(2004)」 등 건설산업의 발전 · 혁신과 관련된 대표적인 계획 · 전략에서 공공 조달시스템의 개선은 중요한 현안으로 다루어지고 있다.

그러나 이들 계획 · 전략에서 나타나고 있는 공통점은 공공 조달 절차와 운영의 개선, 건설산업 구조 및 생산시스템의 개선 등이 공공 조달시스템 혁신을 위한 어젠다라는 것이다. 즉, 공공 조달시스템의 혁신을 위해 공공 발주자가 어떻게 혁신되어야 하는 가에 대한 고민과 논의는 제외되어 있다는 것이다. 이는 여전히 건설산업과 공공 조달시스템의 혁신을 위한 초점을 건설산업계에 두고 있다는 것을 보여주는 단면이다. 이미 앞에서 논의한 바와 같이 건설산업 혁신의 출발점과 동력은 발주자가 제공하는 것이다. 결국 발주자 스스로의 혁신동력이 건설산업 혁신동력이 되는 것이다. 향후 건설산업과 공공 조달시스템 혁신을 위한 후속 계획과 전략 마련 시 반드시 고민되어야 할 사항이다.

제 4 장

21세기형 조달혁신 프로그램

01 개요

"21세기형 조달혁신 프로그램"이라는 제 4장의 제목은 국립의료서비스(NHS, National Health Service)의 「ProCure21」이라는[69] 공공 조달혁신 프로그램의 이름에서 따온 것이다. 4장에서는 의료시설을 시행하는 발주기관인 국립의료서비스(NHS)의 조달 혁신 노력과 사례를 중점적으로 살펴보고 고속도로공사(Highways Agency)의 사례도 간략하게 짚어보려고 한다.

※ NHS ProCure21이란?

NHS ProCure21은 현재 가장 성공적인 발주기관의 사례로 평가받고 있는 의료시설사업 조달혁신 프로그램이다. 단적인 예로, 건설재인식(Rethinking Construction) 운동의 주창자인 이간(Egan)으로부터 「세계 일류 수준의 조달 프로그램」이라는 평가를 받을 정도이다.

국립의료서비스(National Health Service)

영국에서 채택되고 있는 국가의료주의를 시행하기 위해 1948년에 발족된 공공 조직이다. 행정조직 상으로는 보건부(DOH)) 산하 기관이다. NHS의 주요 역할은 전(全) 국민에서 무료 의료서비스를 제공하기 위해 요구되는 각종 정책 수립 및 제도 시행과 의료서비스 제공을 위한 인적·물적 기반을 구축하고 관리하는 것이다. NHS라는 용어는 이러한 역할을 담당하는 기관을 지칭하는 동시에 영국 정부에서 제공하는 국가 무료 의료서비스 자체를 지칭하는 용어로 사용되기도 한다.

69) www.nhs-procure21.gov.uk

ProCure21의 별칭은 「Achieving Excellence in NHS Construction」으로 정부상무청(OGC, Office of Government Commerce)이 주관하고 있는 영국 정부의 일류 건설(AEC, Achieving Excellence in Construction) 프로그램과 맥락을 같이 하고 있음을 알 수 있다.

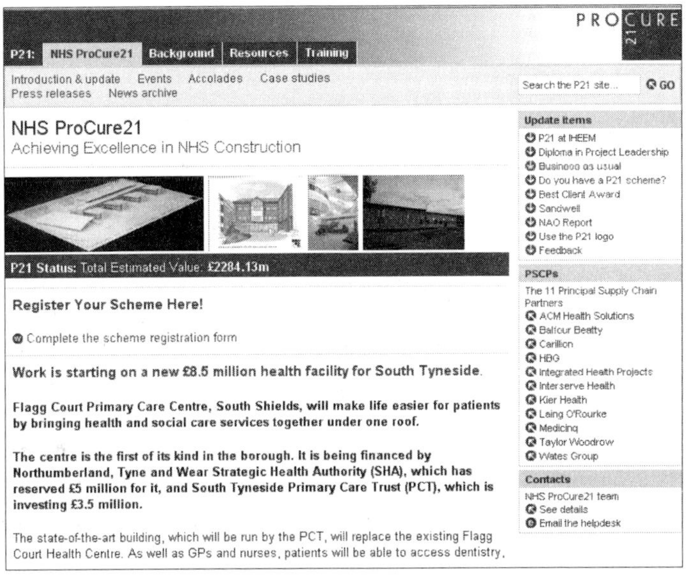

그림 4-1 NHS ProCure21 홈페이지 * 자료: NHS

정부상무청(OGC)의 일류 건설(AEC) 프로그램 1단계가 1999년에 시작됨에 따라 보건부(DOH, Department of Health)에서는 의료시설 조달혁신을 실행하기 위한 전략 개발에 착수한다. 그 결과로 2000년 「건강의 가치 인정: Sold on Health」[70]이라는 제목의 혁신전략 보고서가 발간된다.

이 보고서의 핵심 권고사항 중 하나는 의료시설사업의 조달혁신을 실천하기 위한 프로그램의 운영이었고 이것이 계기가 되어 ProCure21이 탄생하게 된다. ProCure21을 운영하기 위한 조직이 구성된 시기는 2001년이고 2년간의 시범사업 운영 기간을 거쳐 2003년부터 본격적인 가동에 들어갔다.

ProCure21의 착수 당시 주관기관은 국립의료서비스(NHS) 산하기관인 국립의료자산청(NHS Estates)이었다. 그러나 2005년도 영국 정부의 조직개편 과정에서 국립의료자산청(NHS Estates)은 2005년 9월 30일자로 없어지고 그 이후부터는 보건부 자산시설국(DOH

70) Department of Health(2000), Sold on Health: Modernising procurement, operation and disposal of the NHS estate.

Estates and Facilities Directorate) 산하 15인으로 구성된 ProCure21 Team에서 이 프로그램을 주관하고 있다.[71)]

※ ProCure21 착수배경

ProCure21이 착수된 배경에는 영국 정부의 공공 조달혁신을 향한 강력한 정책 의지와 아울러 보건부(DOH)의 내부적인 사정도 있었다. 2000년부터 향후 10년간 의료시설 확충과 개선을 위한 대대적인 정부 투자 계획이 발표됨에 따라 확충된 재정을 효과적으로 관리할 수 있는 혁신적인 조달프로그램이 필요하게 되었다.

그러나 ProCure21의 착수배경 중 가장 주목해야 할 부분은 외부적 혁신 '압박'이나 내부적 필요성이 아니라는 것이다. 혁신을 위한 내부적 자각과 반성이 가장 주목해야할 ProCure21의 착수 배경인 것이다.

> **의료시설사업 성과 부진**
>
> 1985년부터 1996년까지 시행된 대형 의료시설사업 45건의 성과 분석 결과, 계약금액 대비 공사비가 10% 초과한 사업이 23건, 20% 이상 초과한 사업이 14건으로 나타나고 있다. 즉, 45건 중 37건의 사업에서 최소 10% 이상의 공사비 초과가 나타났다. 공사기간의 경우, 17개 사업에서 10% 정도의 공기초과, 10개 사업에서 20% 이상 공기초과가 나타난 것으로 분석되었다. 즉, 45개 사업 중 27개 사업에서 최소 10% 이상의 공기초과가 나타났다. 국립의료서비스(NHS)에서는 그간 성과 부진을 공개적으로 인정하며 혁신의 필요성도 강조하고 있다. 그간의 성과 부진도 주목할 만하지만 이를 공개적으로 자인 · 자성(自認 · 自省)하고 혁신의 밑거름으로 삼고 있는 용기는 더욱 주목해야 한다. 혁신은 문제에 대한 인정과 반성 그리고 용기로부터 시작되며 문제의식이 없으면 혁신도 없기 때문이다.

ProCure21의 착수 배경을 설명한 다양한 관련 공개 자료들을 살펴보면 과거 시행된 의료시설사업에서 나타났던 공사비 및 공기 초과, 건설산업계와의 갈등, 비효율성 및 비생산성 문제 등에 대해 스스로 인정하고 통렬하게 비판하는 모습을 쉽게 발견할 수 있다. 때로는 스스로의 대한 비판이 이렇게 공개적이고 무모할 수 있을까라는 의아심이 들 정도이다. 이는 ProCure21에 대한 자신감의 표출이기도 하다.

예를 들어 「Health Director」라는 공공 의료전문지에 실린 기사를 인용하면:

71) 조직 개편이 최근에 이루어졌기 때문에 아직까지는 ProCure21 관련 자료에 국립의료자산청(NHS Estates)이 표기된 경우가 많이 나타나고 있다.

"과거 전통적으로 국립의료서비스(NHS)에서 채택하였던 의료시설사업 조달의 접근방식은 발주자와 건설산업계간에 비협력적이거나 적대적 관계를 빈번히 유발시켰다. 최저가 낙찰은 이러한 상황을 더욱 악화시켰다. 최저가를 최고가치라고 착각하였으며 디자인과 시공의 품질을 악화시키는 결과를 초래하였다. 이는 궁극적으로 공사비와 공기의 실패로 귀착되었다. 그러나 이제 더 이상 이런 일은 반복되지 않을 것이다"[72]

이 책을 집필하는 과정에서 당시 ProCure21의 주관기관이었던 국립의료자산청(NHS Estates)을 방문하는 기회가 있었고 인터뷰 과정에서도 내부적 자각과 반성을 생생하게 확인할 수 있었다. 그간 의료시설사업에서 반복적으로 나타났던 비생산성과 비효율성의 문제를 내부적으로 인지하고 자성하는 분위기가 무르익어가는 시점에서 이간 보고서가 발표되었고 정부의 조달 혁신정책과 의료시설 투자확대 계획이 추진되면서 자연스럽게 ProCure21이 착수되게 된 것이다. 당시 상황을 국립의료서비스(NHS) 관련 자료에서는 이렇게 기술하고 있다.

"이간 보고서의 핵심은 베스트프랙티스를 통해 가치를 증대시키고 낭비를 최소화하자는 것이다. 이때 반드시 유념해야 할 것은 건설사업의 낭비와 비효율성이 제거되기 위해서는 반드시 발주자가 변해야 한다는 것이다. ProCure21은 이를 인지하고 있다"[73]

결국 영국 정부의 강력한 혁신의지와 대대적인 의료시설사업의 효과적인 집행의 필요성 그리고 과거 성과 부진에 대한 각성과 자성이 ProCure21을 착수하게 된 배경이 된 것이다. 혁신의 핵심 내용은 단순히 조달 방법이나 절차를 개선하는 것만이 아니다. 발주자가 베스트프랙티스를 실천하고 유인하는 주체가 되어야 한다는 것이다. 결국 ProCure21은 공공 발주자 혁신 및 조달시스템 혁신이라는 테마로 착수된 것이다.

72) GovNet Communications, Constructing a new vision, Health Director, November 2004, http://www.govnet.co.uk/corporate/index.htm

73) NHS Partners with the Construction Industry, www.pslcbi.com.

※ ProCure21 범위와 규모

현재 ProCure21은 1백만 파운드(약 17억 원) 이상의[74] 공공 의료시설사업 조달에 적용되고 있으며 ProCure21에 의한 조달 규모는 2005년을 기준으로 다음과 같다.

표 4-1 ProCure21 조달 규모: 2005년 기준[75]

	사업 수	규모(원)
시행 등록 사업	249	약 3조 9천억
시행 중인 사업	58	약 9천 2백억
종료 사업	29	약 1천 9백억

2003년 이전까지는 ProCure21이 일부 지역의 NHS 발주자만을[76] 대상으로 하는 시범 프로그램(pilot program) 형태로 운영되었기 때문에 조달 규모가 그다지 크지 않았다. 그러나 그 이후 점차 본격화되면서 2006년부터는 ProCure21에 의한 연간 조달 규모가 약 12억~14억 파운드(약 2조 4백억~2조 3천 8백억 원)에 이를 것으로 추산되고 있다. 이는 국립의료서비스(NHS)의 연간 예산이 약 30억 파운드(약 5조 1천억)라는 것과 대비해 볼 때 이미 상당한 부분을 차지하고 있는 것이다. 향후 ProCure21 대상 사업이 1백만 파운드 이하의 소규모 사업으로도 확대될 전망에 비추어보면 ProCure21은 의료시설사업의 표준 조달프로그램으로 자리매김 될 것이다.

74) ProCure21의 혁신 성과로 인해 1백만 파운드 이하의 소형 사업에도 이 프로그램을 확대 적용하는 방안이 적극적으로 검토 중에 있다: NHS Partners with the Construction Industry, www.pslcbi.com.

75) NHS Estates, Annual Report 2004-2005

76) NHS 발주자란 의료시설사업의 시행주체로 보건부(DOH) 산하 의료관청, 의료공단, 의료기금, 의료재단, 병원 등을 통칭한다.

02 ProCure21에 대한 이해

※ 방향성과 목표

ProCure21은 「건설사업의 생애주기에 걸쳐 NHS 발주자와 함께 일할 수 있는 역량을 갖춘 공급연쇄를 정선(精選)하고 이들과 장기적인 관계를 구축하여 의료시설을 조달하는 표준적 접근방식(프로그램)」으로 정의된다. 이 정의는 ProCure21의 방향성을 함축적으로 대변해 주고 있을 뿐만 아니라 이 조달혁신 프로그램의 핵심 주제와 전략을 동시에 잘 시사하고 있다.

ProCure1이 추구하는 목표는 조달 베스트프랙티스의 실천을 통해 낭비를 제거하고 투자가치(VFM)를 달성하는 것으로 영국 정부의 조달혁신 정책목표와 일치하고 있다.

※ 4대 핵심 전략

공공 의료시설사업의 조달혁신을 위해 ProCure21이 채택한 4대 핵심 전략부문은 파트너링(partnering), 일류 발주자(best client), 일류 디자인(achieving excellence in design), 벤치마킹(benchmarking)[77]으로 영국 정부의 공공조달 혁신정책에서 반복적으로 강조되고 있는 키워드와도 일치하고 있다.

77) 실질적으로는 성과측정(performance measurement)을 의미한다.

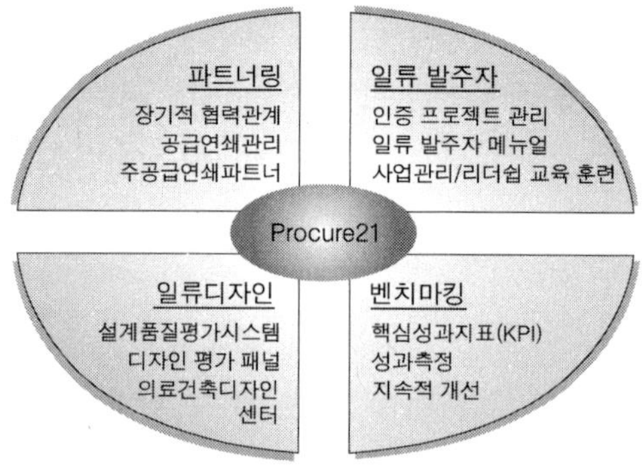

그림 4-2 NHS ProCure21 4대 핵심 전략

- **파트너링** : 정선(精選)된 일류 기업군(群)과 장기적인 협력관계를 맺고 사업초기 단계에서부터 발주자와 통합 프로젝트 팀(integrated project team)을 구성하여 의료시설사업을 수행하는 것이다. 이 방식을 정부상무청(OGC)의 공공 조달의 핵심 준수 기준(CMS, Common Minimum Standards)에서는 프라임 계약방식(Prime-type Contracting approach)이라고 표현하고 있다.
- **일류 발주자** : 발주자가 실천해야 할 베스드프랙티스를 발굴하여 교육 · 훈련을 통해 실천하며, 역량 있는 인증 프로젝트 디렉터(Accredited Project Director)를[78] 선임하여 총괄적인 사업관리를 담당하도록 하는 것이다.
- **일류 디자인** : 정형화된 디자인 품질 평가시스템 운영, 전문가 그룹에 의한 객관적인 디자인 평가, 디자인 품질 향상을 위한 전략적 디자인 리더의 위촉 등을 통해 디자인 품질을 관리 및 향상시키고 의료건축 관련 전문 디자인센터의 운영을 통해 지식 기반을 구축하고 보급하는 것이다.
- **벤치마킹** : 다양한 성과측정 방법을 활용하여 프로젝트 성과를 다면적으로 평가하고 이를 기반으로 지속적인 성과 개선을 도모하는 것이다.

78) 정부상무청(OGC)의 일류 건설(AEC) 프로그램에서는 프로젝트 스폰서(Project Sponsor)라는 용어로 지칭되고 있다.

03 파트너링 전략

✲ 파트너링 전략 체계

ProCure21의 파트너링은 공급연쇄관리(SCM, Supply Chain Management)를 기본 축으로 하고 있다. ProCure21의 가장 두드러진 특징 중 하나는 그간 개념적 · 피상적으로만 논의되었던 파트너링 방식을 정형화된 실무 체계로 구축하여 활용하고 있다는 것이다. ProCure21에서 파트너링은 의료시설사업의 조달 표준으로 채택되고 있으며 이를 실무적으로 적용하기 위한 전략 및 실무 체계를 갖추고 있다.

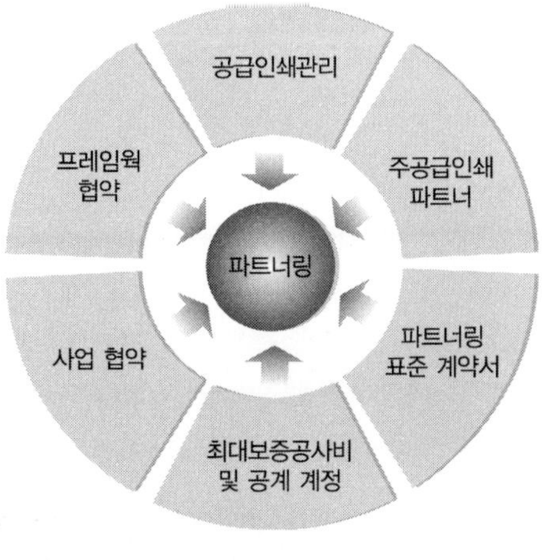

그림 4-3 파트너링 전략 체계

✲ 파트너링 기본 구도

ProCure21에서 파트너링은 기본적으로 보건부(DOH), 주공급연쇄파트너(PSCP), 의료시설사업의 시행주체인 NHS 발주자간의 관계로 구성되며 ProCure21 Team은 이들 간의 파트너링을 구축하고 유지하기 위해 필요한 각종 관리 및 지원 업무를 담당한다.

주공급연쇄파트너(PSCP)는 보건부(DOH)와 장기적 협력관계를 기반으로 하는 프레임웍 협약(Frame work Agreement)을 맺고 개별 사업[79]에 대해서는 NHS 발주자와 사업협약(Scheme Agree ment)을 맺어 의료시설사업을 시행하게 된다.

➾ 주공급연쇄파트너 (Principal Supply Chain Partners)

ProCure21 공급연쇄에서 가장 상부를 차지하는 주체(기업)이며 파트너링 주관사이다. 이들은 사전자격심사(PQ)를 통해 정선(精選)된 소수 기업으로 의료시설사업의 기획단계에서부터 유지관리까지의 전(全) 과정에서 발주자와 통합 프로젝트 팀을 구성하여 일괄책임 하에 사업을 총괄하는 주체이다.

➾ 프레임웍 협약 (Framework Agreement)

보건부(DOH)와 주공급연쇄파트너(PSCP)간에 체결되는 장기협력 협약을 의미한다. 주공급연쇄파트너(PSCP)는 이 협약을 통해 ProCure21에 의해 조달되는 의료시설사업에 독점적으로 참여할 수 있는 우대(優待) 지위를 갖게 된다.

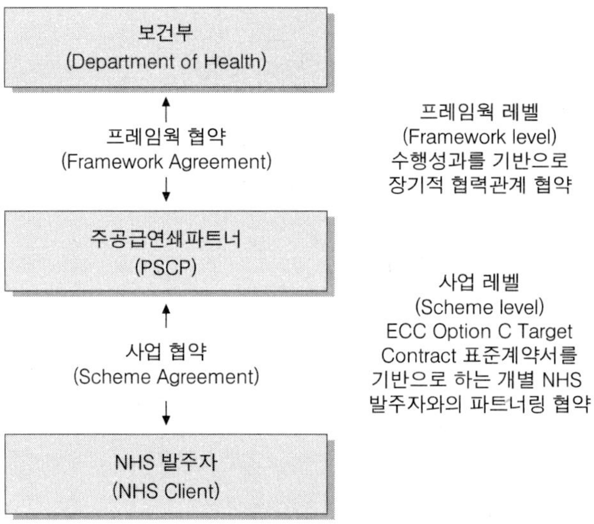

그림 4-4 ProCure21 파트너링 기본 구도 * 자료: NHS

79) 단일 의료시설사업 또는 의료시설사업군(群)을 포괄적으로 지칭한다.

파트너링 주관사인 주공급연쇄파트너(PSCP)는 하부 공급연쇄(supply chain)를 구성하고 이를 총괄 관리하는 역할을 담당한다. 주공급연쇄파트너(PSCP)가 개별 사업을 위해 선정되는 시기는 사업 초기 기획단계이며 NHS 발주자와 통합 프로젝트 팀을 구성하여 의료시설사업을 진행하게 된다. 즉, 발주자의 사업 기획 후 사업자가 이를 수행하는 형태가 아니라 사업 초기 기획단계에서부터 발주자와 사업자가 공동으로 사업을 기획하고 수행하는 형태가 되며, 이는 파트너링의 가장 전형적인 특징을 잘 반영하고 있다.

주공급연쇄파트너(PSCP) 하부 공급연쇄 중 1차 협력사는 주공급연쇄멤버(PSCM, Principal Supply Chain Member)[80], 2차 협력사는 공급연쇄멤버(SCM, Supply Chain Member)라고 지칭된다. 주공급연쇄파트너(PSCP), 주공급연쇄멤버(PSCM) 및 공급연쇄멤버(SCM)는 개별 독립기업으로 공급연쇄 내에서 전문분야별 · 기능별로 상하 계열화된 협력관계를 유지하며 의료시설사업에 참여한다.

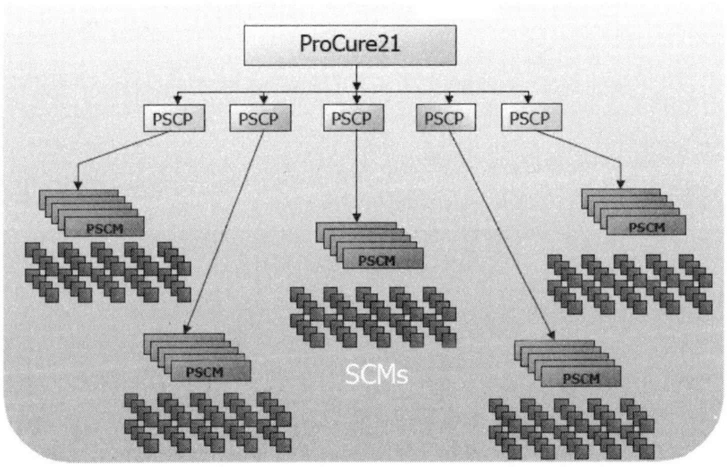

그림 4-5 ProCure21 공급연쇄 체계 * 자료: NHS

✲ 파트너링 기본 원칙

ProCure21의 파트너링 및 공급연쇄관리 기본 원칙은 투자가치 달성, 장기 협력관계, 상호 신뢰, 성과측정, 지속적인 성과향상, 공정한 리스크 분배, 팀워킹으로 압축될 수 있다.

80) 주공급연쇄파트너(PSCP)가 일부 전문 분야에서는 주공급연쇄멤버(PSCM)를 겸하기도 한다.

이 기본 원칙은 보건부(DOH), NHS 발주자, 주공급연쇄파트너(PSCP) 및 하부 협력사들이 모두 준수해야 하는 사항으로 프레임웍 협약 및 사업 협약에도 명시될 만큼 강조되고 있다.

표 4-2 ProCure21 공급연쇄관리의 기본 원칙[81)]

구 분	주요 기본 원칙
NHS 정책	주공급연쇄파트너(PSCP)의 역량 수준은 하부 공급연쇄 협력사들의 역량 수준에 의해 결정된다는 것을 인지하여야 한다.
	최고가치를 기반으로 주공급연쇄파트너(PSCP)와 장기적인 협력관계를 구축하여야 한다.
	일괄책임 하에 통합적인 설계 · 시공 서비스를 확보하여야 한다.
	프레임웍 협약(Framework Agreement)을 통해 동일 공급연쇄팀이 후속 사업에서도 지속적으로 참여하도록 하여야 한다.
주공급연쇄파트너(PSCP)의 공급연쇄관리 행동 양식	하부 공급연쇄 협력사들과의 협력을 통해 보유 역량을 헌신적으로 발휘하여야 한다.
	우대(優待) 지위는 지속적인 성과 향상과 사업비 · 생애주기비용의 절감을 통해 유지된다는 것을 인식하여야 한다.
	기술과 프로세스 개선을 위한 공동의 노력을 경주하여야 한다.
	상호 협력관계에서 준수해야 할 사항을 공식절차(protocol)화 하여야 한다.
	상호 선의와 역량에 대한 깊은 신뢰를 구축하여야 한다.
주공급연쇄파트너(PSCP)의 공급연쇄관리 운영	상부 경영진으로부터의 헌신과 지원을 확보하여야 한다.
	효과적인 공급연쇄관리를 위한 전략을 수립하여야 한다.
	공급연쇄관리와 관련된 훈련을 위한 재원을 적절하게 투입하여야 한다.
	성과측정시스템을 개발하고 활용하여야 한다.
	성과측정 결과를 관리하여야 한다.
주공급연쇄파트너(PSCP)의 디자인 프로세스 관리	지속적으로 고객의 니즈(needs)를 파악하고 이해하여야 한다.
	VM/VE을 기반으로 정형화된 디자인 프로세스를 구축하여야 한다.
	사업초기단계부터 일괄책임 하에 디자인 팀을 리드하고 양질의 디자인을 도모하여야 한다.
	합리적으로 리스크를 평가하고 공유하여야 한다.
	설계, 사업비 및 각종 사업계획 정보 등이 공유될 수 있는 전산시스템을 구축하여야 한다.
주공급연쇄파트너(PSCP)의 코스트 매니지먼트	해당 사업이 사전에 동의된 목표 사업비(target costs)와 공기를 준수하며 적절하게 수행되었을 경우, 사업 참여자(기업)들에게 지급되는 간접비(overheads)과 이윤(margins)을 정의하고 동의하며 이를 준수하여야 한다.
	지속적인 개선의 자극을 제공할 수 있는 목표 사업비(target costs)와 인센티브를 설정하여야 한다.
	가치분석(value analysis) 작업을 정형화 · 문서화 하고 이를 적극적으로 활용하여야 한다.
	사업비에 대한 투명성과 구체적인 이해를 확보하여야 한다.
주공급연쇄파트너(PSCP)의 시공 프로세스 관리	정형화된 기법을 활용하여 상세설계 단계에서부터 시공계획을 고려하고 수립하여야 한다.
	프로젝트 낭비요인을 제거하기 위한 관련 기법을 적극적으로 활용하여야 한다.
	사업 참여주체들과 공동으로 공정계획을 수립하여야 한다.
	베스트프랙티스를 절차화 하고 문서화 하여야 한다.
	팀워 향상을 위한 교육훈련에 재원을 투자하여야 한다.

81) NHS, NHS ProCure21 Supply Chain Management Principles, www.nhs-procure21.gov.uk

※ 주공급연쇄파트너

사전자격심사(PQ) 과정을 거쳐[82] 2003년 9월에 최종 확정된 주공급연쇄파트너(PSCP)는 총 12개사로[83] 대부분 대형 EC기업이거나 대형 EC기업들의 조인트벤처이다.

표 4-3 주공급연쇄파트너[84]

주공급연쇄파트너(PSCP)	참여기업
ACM Health Solutions Limited	Amec Group Ltd, Costain Limited, Mowlem Plc
Balfour Beatty	단독
Carillion	단독
HBG	단독
Integrated Health Projects	Norwest Holst Ltd, Sir Robert McAlpine
Interserve Health	단독
Kier Health	단독
Laing O'Rourke	단독
Medicinq	Bowmer & Kirkland Ltd, Midas Projects Ltd Geoffrey Osborne Ltd, Simons Construction Ltd
Taylor Woodrow	단독
Wates Group	단독

주공급연쇄파트너(PSCP)는 보건부(DOH)와의 프레임웍 협약을 통해 ProCure21에 의해 조달되는 의료시설사업 즉, 1백만 파운드(약 17억 원) 규모 이상의 사업에 대해서는 5년간의 독점 참여권을 가지게 된다. NHS 발주자는 개별 사업의 시행을 위해 파트너링 주관사를 선정함에 있어서 이들 주공급연쇄파트너(PSCP) 중 1개 기업을 주관사로 선정하여 사업협약을 체결하게 된다.

이때 주공급연쇄파트너(PSCP)들은 개별 사업에서 상호 경쟁의 과정을 거쳐야 하며 순번에 따라 자동적으로 수주 기회가 주어지는 것은 아니다. 따라서 주공급연쇄파트너(PSCP)는 ProCure21에 의해 인증된 11개 숏 리스트(short-list) 업체라고 할 수 있다.

82) 사전자격심사(PQ) 업무는 당시 ProCure21 담당 기관이었던 국립의료자산청(NHS Estates)에서 주관하였으며 120여개 기업이 지원하였고 사전자격조사(Pre-Qualification Questionnaire), 기업 방문 및 인터뷰, 시장 평판 조사, 코스트 모델, 주관사와 협력사간의 협력체계 등의 엄격한 심사과정을 통해 최종 12개사가 선발되었다.

83) 주공급연쇄파트너(PSCP)로 확정된 기업은 최초 12개사였으나 이 중 한 개 기업(Medicor)은 주공급연쇄파트너(PSCP) 자격을 자진 철회하여 현재는 11개 주공급연쇄파트너(PSCP)가 ProCure21에 참여하고 있다.

84) www.nhs-procure21.gov.uk

주공급연쇄파트너(PSCP)의 선정과정에서 주공급연쇄파트너(PSCP)에 대한 평가만 이루어진 것이 아니라 이들의 주요 협력사에 대한 평가도 함께 이루어졌다. 따라서 실질적으로는 사전자격심사(PQ)를 통해 주공급연쇄파트너(PSCP)와 주요 협력사를 동시에 평가하고 선정한 것이다. 이들 협력사 중 프레임웍 협약에 명시되어 있는 핵심 협력사는 보건부(DOH) 및 NHS 발주자의 사전 승인이 없이는 교체 할 수 없다.

정선된 주공급연쇄파트너(PSCP)의 숏 리스트(short-list)를 사전에 일괄적으로 구축하고 이들 중 사업자를 선정하는 방식은 기존의 선정 방식에 비해 현저하게 입낙찰 기간을 단축하고 있어 ProCure21의 혁신적인 성과 중 하나로 평가되고 있다.[85] 또한 비록 정량적인 수치로 환산하기는 어렵지만 NHS 발주자와 건설산업계의 입낙찰 비용과 시간의 낭비를 대폭 해소한 것도 매우 중요한 성과로 평가되고 있다.

개별 사업에 대해 NHS 발주자가 주공급연쇄파트너(PSCP)와 하부 협력사를 선정하는데 소요되는 평균 시간이 불과 3주 정도밖에 소요되지 않는다는 것은 입낙찰에 소요되는 시간과 비용을 얼마만큼 획기적으로 단축시켰는지를 단적으로 보여주는 사례이다.

NHS 발주자 입장에서는 정선된 사업자를 반복적으로 사용할 수 있기 때문에 학습효과에 의한 프로젝트 생산성 및 효율성 향상도 기대할 수 있다. 주공급연쇄파트너(PSCP)와 협력사 입장에서는 '단골' 고객으로부터 장기적이고 반복적인 수주 기회를 확보 할 수 있는 우내(優待) 지위를 유지하기 위해 보다 향상된 서비스와 성과를 제공하기 위한 최선의 노력을 경주할 수밖에 없다. 결국, NHS 발주자와 사업자간의 상생(win-win)이 가능하게 되는 것이다.

※ 주공급연쇄멤버

주공급연쇄파트너(PSCP)의 1차 협력사인 주공급연쇄멤버(PSCM)의 참여기업과 참여부문을 살펴보면 매우 광범위하게 공급연쇄가 구성되어 있다는 것을 파악 할 수 있다. 특히 설계 및 시공뿐만 아니라 유지관리와 의료시설사업을 위해 필요한 전문 컨설턴트 등이 공급연쇄의 구성원으로 참여하고 있다는 것은 두드러진 특징이다.

주공급연쇄파트너(PSCP)는 사업초기 단계에서부터 발주자와 통합 프로젝트 팀을 구성하여 사업을 추진하고 해당 사업에 대한 일괄 책임을 지게 되기 때문에 광범위한 협력사(공급연쇄) 구성은 필연적인 결과라고 할 수 있다.

85) NHS Estates, Elements of ProCure21, www.nhs-procure21.gov.uk

표 4-4 주공급연쇄멤버 전문분야별 참여업체 수[86]

전문 분야 구분		ACM	BB	Car	HBG	IHP	IH	KH	LO	Med	TW	WG
건축 설계		14	6	3	6	6	5	3	10	12	11	1
구조 · 토목 엔지니어링		6	5	1	3	1	5	4	3	6	5	1
시공(대형사업)		3	3	1	1	2	1	1	1	4	2	1
시공(소형사업)		3	6	1	4	4	1	2	6	4	7	1
코스트매니지먼트		4	4	1	3	4	7	4	4	7	4	1
의료서비스기획		3	7	1	2	4	4	5	4	3	4	1
기계 · 전기 설계		4	6	3	3	4	6	5	3	15	6	2
기계 · 전기 시공		6	4	2	3	5	4	2	3	7	3	1
유지관리		2	1	1	1	2	1	2	3	2	1	1
기타	의료장비 컨설턴트	1										
	소방엔지니어링	1										
	프리패브리케이션	4	3	1		2		2		1		
	건설 보건 및 안전 컨설턴트		3									
	프로젝트 매니지먼트		3					1				
	리스크 및 가치 관리 컨설턴트		3									
	생애주기비용 컨설턴트		1			1		1				1
	지속적 개선 컨설턴트			1				1				
	물류 컨설턴트			1								
	전문 자재업체					1						
	재무 및 법률 컨설턴드							1				
	정보 및 프로세스 관리 컨설턴트							2	1			
	의료장비							1	1			1
	지속성 컨설턴트							1				
	자금조달협력								1			
	협력관계 컨설턴트									1		
소 계		51	55	17	26	36	34	38	40	62	43	12

참고
ACM: ACM Health Solutions / BB: Balfour Beatty / Car.: Carillion
HBG: HBG / IHP: Integrated Health Projects / IH: Interserve Health
KH: Kier Health / LO: Laing O'Rourke / Med.: Medicinq
TW: Taylor Woodrow / WG: Wates Group

86) www.nhs-procure21.gov.uk

주공급연쇄멤버(PSCM)의 참여 부문은 건축설계, 구조 · 토목 엔지니어링, 시공, 코스트 매니지먼트, 의료서비스기획, 기계 · 전기 설계 및 시공, 유지관리 등을 기본 구성으로 하고 있다. 기타 협력 부문은 각 주공급연쇄파트너(PSCP)에 따라 다양하지만 전문 부문별 기업들이 참여하고 있음을 알 수 있다.

주공급연쇄파트너(PSCP)가 일부 전문 분야에서는 주공급연쇄멤버(PSCM)를 겸하는 경우도 있고, 주공급연쇄멤버(PSCM) 중 일부는 2개 이상의 주공급연쇄파트너(PSCP)와 공급연쇄 관계를 맺고 있는 경우도 있기 때문에 이러한 중복 사항을 제외하면 현재 약 200 여개 기업이 주공급연쇄멤버(PSCM)로 등록되어 의료시설사업에 참여하고 있다.

결국 ProCure21에서는 일류기업으로 숏 리스트(short list)된 11개 주공급연쇄파트너(PSCP)와 약 200여개의 전문 분야별 주공급연쇄멤버(PSCM) 그리고 2차 협력사인 공급연쇄멤버(SCM)들을 통해 의료시설사업이 시행되는 것이다.

※ 파트너링 전략 배경

ProCure21에서는 공급연쇄관리에 기반을 둔 파트너링 전략을 채택한 이유를 다음과 같이 설명하고 있다.

"소수의 정선된 일류기업과의 반복적인 의료시설사업 시행을 통해 발주자가 얻을 수 있는 이익은 막대하다. 파트너 기업은 발주자의 니즈에 대해 보다 깊은 이해와 경험을 축적할 수 있으며 건설 시설물의 구성요소(components) 및 건설사업 절차의 표준화를 도모할 수 있다. 또한 장기적이고 반복적인 비즈니스 관계를 통해 발주자와 공급자는 상호간의 시행착오, 교훈 및 새로운 아이디어를 교환 할 수 있으며 이를 통해 발주자는 베스트프랙티스를 학습하게 되어 건설사업의 지속적인 개선이 가능하게 되는 것이다"[87]

결국 ProCure21에서는 파트너링을 통해 (1) 소수 정예 기업으로 사업자 풀(pool)을 구성하여 (2) NHS 발주자로 하여금 이들을 활용하게 함으로써 (3) 의료시설사업 매건 마다 반복되는 입찰절차에 소요되는 인적 · 시간적 · 물적 낭비를 제거하고 (4) 장기적이고 안정적인 협력관계를 구축하는 동시에 (5) 상호 경쟁과 혁신을 유도하여 (6) 의료시설사업에서 투자가치

87) www.nhs-procure21.gov.uk

를 달성하고 (7) 궁극적으로는 환자에게 양질의 의료시설을 제공하는 전략을 채택하고 있는 것이다.

보다 실무적으로는 파트너링이 다음과 같은 기대효과를 NHS 발주자들에게 줄 수 있다고 판단하고 파트너링을 조달혁신의 주요 전략으로 채택하고 있다.

• 의료시설 운영의 효율성과 보건 · 안전 성능의 향상을 동반하는 디자인 품질의 향상 가능
• 설계변경에 따른 공사비 낭비의 최소화 가능
• 건설사업 절차상의 비효율성 발굴 및 제거 가능
• 전차(前次) 사업에서 발굴된 성공사례 및 교훈의 반복적 활용 가능
• 클레임 · 분쟁 비용 및 리스크 최소화 가능
• 건설사업 성과의 지속적인 향상을 위한 동기 부여
• 공급연쇄의 통합성 향상

파트너링과 공급연쇄관리의 조합이라는 해법 하나만으로도 공공사업의 투자가치 달성이 가능하다는 것을 시사하고 있는 것이다.

✲ 프레임웍 협약

보건부(DOH)와 주공급연쇄파트너(PSCP)간에 체결되는 프레임웍 협약을 단순하게 설명하면 양 기관간의 장기적인 협력관계와 협력조건을 체결한 것이라고 할 수 있다. 프레임웍 협약을 위해 표준화된 협약서식이[88] 사용되며 주공급연쇄파트너(PSCP)가 어떠한 정신, 원칙과 조건하에서 ProCure21에 참여하게 되는지를 정의하고 있다.

프레임웍 협약에서는 개별 사업의 시행에 대한 세부적인 사항은 규정하지 않으며, 이는 해당 사업의 NHS 발주자와 주공급연쇄파트너(PSCP)간에 사업 협약을 통해 결정된다. 다만, 프레임웍 협약을 통해 협약기간, 매니지먼트 대가기준, 개별 사업의 표준계약서, 의무적 성과 측정 등 파트너링의 기본틀(framework)이 정의되는 것이다.

88) NHS Estates(2003), Principal Supply Chain Partner Framework Agreement.

표 4-5 프레임웍 협약 주요 내용[89]

구 분	주요내용
협약 당사자	보건복지부 장관과 주공급연쇄파트너(PSCP)가 협약 당사자가 된다.
협약 기간	최소 5년간의 협약기간을 원칙으로 하지만 성과평가의 결과에 따라 중도 협약 해지도 가능하다.
성과 평가	협약기간 중 매년 1회 또는 그 이상 성과평가를 실시한다.
매니지먼트 대가기준	주공급연쇄파트너(PSCP)가 각 개별사업에서 지급받는 매니지먼트 대가의 요율 (fee percentages for management)을 사전에 결정한다.
NHS Estates의 역할 (現 ProCure21 Team)	보건복지부 장관으로부터 위임을 받아 성과평가를 주관하고 주공급연쇄파트너(PSCP)가 프레임웍 협약을 준수하여 NHS 발주자에게 양질의 서비스를 제공하고 있는지 관리한다.
대가 지급	주공급연쇄파트너(PSCP)가 개별 사업에서 지급받는 공사 및 서비스 대가에 대해서는 NHS 발주자와 상호 협의 하에 결정한다.
공개 계정 운영	주공급연쇄파트너(PSCP)와 협력사는 개별 사업에서 공개 계정(open book accounting) 운영을 원칙으로 한다.
사업 수주 보장 관련	프레임웍 협약이 주공급연쇄파트너(PSCP)의 개별 사업 시행권(수주권)을 자동적으로 보장하는 것은 아니다. (개별 사업마다 주공급연쇄파트너(PSCP)간에 경쟁을 하는 것이 원칙이다)
개별 사업의 주공급연쇄파트너 (PSCP) 선정 절차	개별사업을 위한 주공급연쇄파트너(PSCP)의 선정 절차는 ProCure21에서 규정에 의하며 조달 베스트프랙티스 절차를 원칙으로 한다.
개별 사업의 협약 (계약) 관련 사항	「ECC Option C Target Contract with Activity Schedule」를 개별 사업에서 활용되는 표준 계약서로 한다. 개별 사업의 각 시행 단계별로 NHS 발주자의 승인을 득해야 한다. 시공 착수 이전에 NHS 발주자와 주공급연쇄파트너(PSCP)는 GMP(Guaranteed Maximum Price, 최대보증공사비)를 상호 협의하여 결정해야 하며 이를 계약서에 명시하여야 한다. GMP의 상호 협의가 불가능한 시에는 실비정산 · 보수가산방식을 활용한다.
주공급연쇄파트너 (PSCP)핵심인력	프레임웍 협약에 명시된 주공급연쇄파트너(PSCP)의 핵심인력은 사전 승인 없이 교체할 수 없다.
핵심 공급연쇄 기업	프레임웍 협약에 명시된 주공급연쇄파트너(PSCP)의 핵심 공급연쇄 기업(Core Members)은 사전 승인 없이 교체할 수 없다.
공급연쇄 표준계약서	개별 사업에서 주공급연쇄파트너(PSCP)가 하부 공급연쇄 기업과 계약을 체결함에 있어서 ECC 계열의 표준계약서 또는 이에 준하는 표준 계약서를 사용하여야 한다.
코스트 모델	주공급연쇄파트너(PSCP)는 이미 제시된 2개 사업의 생애주기비용 모델(whole life cost models)을 바탕으로 개별 사업을 위한 코스트 모델을 개발해야 하며 목표금액(Target Price)의 설정은 "Target Price Setting and Adjustment" 규정에 따른다.
성과측정	협약 기간 동안에 정기적 · 지속적으로 성과평가를 실시하여야 하며 NHS Estates(現 ProCure21 Team)에서 이를 주관한다.

89) NHS Estates(2003), Principal Supply Chain Partner Framework Agreement.

※ 주공급연쇄파트너 선정 절차

NHS 발주자는 이미 숏 리스트(short list)된 주공급연쇄파트너(PSCP) 중 개별 사업의 시행을 위한 사업자를 선정하기 위해 ProCure21 Team의 지원을 받아 다음과 같은 절차를 집행하게 된다.[90]

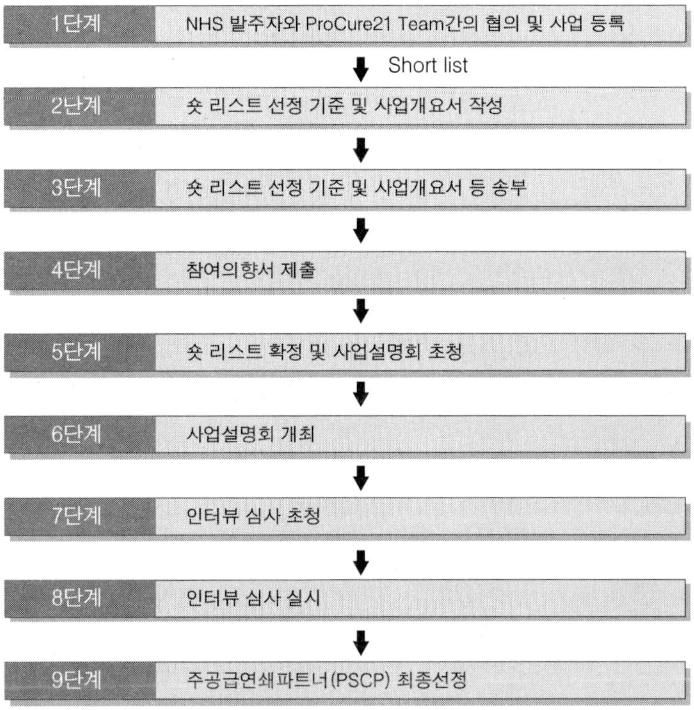

그림 4-6 주공급연쇄파트너 선정 절차 * 자료: NHS

1 1단계: NHS 발주자와 ProCure21 Team간의 협의 및 사업 등록

NHS 발주자는 ProCure21 실행매니저(Implementation Management)와의 협의를 통해 해당 사업을 ProCure21 홈페이지에 사업 등록을 한다.

90) NHS Estates(2003), National Framework Guidance Note 01: Selection Process for NHS Trusts.

❷ 2단계: 숏 리스트[91] 선정 기준 및 사업개요서 작성

NHS 발주자는 숏 리스트(shortlist) 선정 기준을 결정하고 주공급연쇄파트너(PSCP)에게 제공 할 사업개요서(high-level information pack)를 작성한다.

표 4-6 숏 리스트 평가 기준 예시[92]

평가 항목	배 점
유사 사업 경험	40
공급연쇄 구성	20
현 참여사업 현황 및 업무량 여유	20
참여 인원 구성	10
당해 사업을 주관하는 본부(head office) 소재지	10

❸ 3단계: 숏 리스트 선정 기준 및 사업개요서 등 송부

NHS 발주자는 모든 주공급연쇄파트너(PSCP)에게 숏 리스트 선정 기준, 사업개요서, 주요 일정표 등을 발송하고 사업 참여 관심여부에 관한 회신을 보통 1주일 이내 요청한다.

❹ 4단계: 참여의향서 제출

주공급연쇄파트너(PSCP)는 사업참여의향서(expression of interest)를 제출하고 숏 리스트 관련 정보를 제공한다. 사업 참여 의사가 없을 경우, 주공급연쇄파트너(PSCP)는 그 사유를 발송한다.

❺ 5단계: 숏 리스트 확정 및 사업설명회 초청

NHS 발주자는 심사위원회(selection committee)를 통해 숏 리스트(최대 4개사)를 확정하여 이들을 사업설명회(Open Day)에 초청한다. 이때 숏 리스트에서 탈락된 주공급연쇄파트너(PSCP)에게는 탈락 사유에 대한 피드백을 제공해야 한다. NHS 발주자는 사업설명회를

91) 프레임웍 협약이 체결되어 있는 11개 주공급연쇄파트너(PSCP)만을 대상으로 하는 숏 리스트이기 때문에 2차 숏 리스트의 성격이다.

92) 참고적인 예시에 불과하며 당해 사업의 특성에 따라 NHS 발주자가 자유롭게 구성할 수 있다: NHS Estates(2003), National Framework Guidance Note 01: Selection Process for NHS Trusts.

위해 보다 구체적인 사업정보를 준비하고 소규모 단순 사업의 경우에는 ProCure21 실행매니저(Implementation Management)와의 협의를 통해 사업설명회를 생략하고 인터뷰 심사(7단계)를 시행할 수 있다.

6 6단계: 사업설명회 개최

NHS 발주자는 사업설명회에서 인터뷰 심사 기준과 보다 구체적인 사업정보를 제공한다. 숏 리스트된 주공급연쇄파트너(PSCP)는 현장 방문 및 질의응답 기회를 갖게 된다.

7 7단계: 인터뷰 심사 초청

NHS 발주자는 주공급연쇄파트너(PSCP)를 인터뷰 심사에 초청하며 (보통 사업설명회 1주일 후) 주공급연쇄파트너(PSCP)는 인터뷰 심사를 위한 정보를 준비하고 제공한다.

표 4-7 인터뷰 심사 기준 예시[93]

평가 항목	가중치
• 발주자를 지원할 수 있는 충분한 인적 자원을 보유하고 있는가? • 구성 팀원과 팀장(leader)은 누구인가?	25
• 얼마나 신속하게 최대보증공사비(GMP)을 제시할 수 있는가? • 이 과정에서 발주자가 협조해야 할 사항은 무엇인가?	15
• 준공 기한을 숙지하고 있는가? • 준공 기한이 달성 가능하며 경제적이며 현실적이라고 평가하는가? • 준공 기한을 어떻게 준수할 것인가?	15
• 디자인 현안을 어떻게 접근하려고 하는가? • 경제적이고 통합적인 설계 및 시공을 위해 어떠한 전략을 가지고 있는가?	15
• 당신의 팀이 얼마나 잘 투자가치(VFM)를 달성 할 수 있는가? • 이를 위해 참고할만한 어떠한 유사 사업 경험이 있는가? • 이를 위해 어떠한 설계 검토 및 향상이 이루어져야 하는가?	12
• 신속한 사업 추진을 위해 최종 선정 직후 6주간 어떤 업무를 추진할 예정인가?	10
• 당신은 당해 사업의 개발과정에서 어떻게 가치를 증대시킬 수 있는가?	5
• 귀사에게 총괄적인 사업 진행을 위탁 할 경우, 이를 감당할 수 있는 자원과 경험이 있는가? • 이러한 총괄적인 사업 진행을 어떻게 추진할 것인가? • 이러한 총괄적인 사업 진행의 장점 및 단점은 무엇인가?	3
	100

93) 참고적인 예시에 불과하며 당해 사업의 특성에 따라 NHS 발주자가 자유롭게 구성할 수 있다: NHS Estates(2003), National Framework Guidance Note 01: Selection Process for NHS Trusts.

⑧ 8단계: 인터뷰 심사 실시

심사위원회에 의한 인터뷰 심사가 진행되며 주공급연쇄파트너 (PSCP)는 사업제안사항을 설명하고 인터뷰에 응한다.

⑨ 9단계: 주공급연쇄파트너(PSCP) 최종 선정

심사위원회에 의해 주공급연쇄파트너(PSCP)가 최종 선정되며 NHS 발주자와 사업협약을 체결한다. NHS 발주자는 인터뷰 심사에서 탈락된 주공급연쇄파트너(PSCP)에게 탈락 사유에 대한 피드백을 제공한다. NHS 발주자는 선정 과정과 결과를 문서화 하여 ProCure21 Team에 제출하고 ProCure21 Team은 이 정보를 다른 NHS 발주자들이 공유할 수 있도록 한다.

✲ 표준계약서

ProCure21에서 개별 사업의 협약을 위해 NHS 발주자와 주공급연쇄파트너(PSCP)가 사용하는 표준계약서는 「ECC Option C Target Contract with Activity Schedule」을 원칙으로 하고 있다. 이 표준계약서는 영국 건설엔지니어협회(ICE, Institution of Civil Engineers)[94]에 의해 개발된 ECC(Engineering and Construction) 표준계약서[95] 계열 중 C 유형(類型) 표준계약서라는 것을 의미한다.

그림 4-7 ECC Option C 표준계약서 * 자료: ICE

레이썸 보고서의 발간 이후, 영국 건설산업에서 협력적인 사업수행 환경과 방식을 규정할 표준계약서의 필요성이 대두되었고 그 산물로 이 표준계약서가 개발되었다. 이 표

94) 한국 건설산업에서 통상적으로 활용되고 있는 용어를 채택한다면 ICE는 토목엔지니어협회로 번역되어야 하지만 ICE의 활동 범위 및 구성 멤버 들을 살펴보면 건축 및 토목을 포괄하는 건설엔지니어협회로 번역되는 것이 적합하다. 또한 ICE는 협회와 학회의 성격을 혼합적으로 가지고 있지만 편의상 이 책에서는 협회라는 용어로 통칭하고 있다.

95) ECC 표준계약서 개발 이전에도 ICE의 NEC(New Engineering and Construction) 표준계약서가 있었지만 레이썸 보고서 발간 이후, ICE에서는 이 보고서의 권고사항을 받아들여 계약 베스트프랙티스를 반영한 ECC 표준계약서를 개발하게 되었다: www.neccontract.com, www.jrconsultant.co.uk.

준계약서에서는 조기경보(Early Warning) 의무[96]와 협력적 문제 해결(collaborative problem solving) 등을 계약적 준수사항으로 규정하고 있어 파트너링 협약을 위해 적합한 표준계약서로 평가 받고 있다.

이 표준계약서는 입찰자가 제시하는 단가가 표시된 작업내역서(Activity Schedule)를 기반으로 하는 것이다. 이때 작업별 단가는 확정금액(fixed lump sum)이 아니라 목표금액(target lump sum)이라는 성격을 지니고 있다. 작업내역서에 기재된 금액의 총합은 최대보증공사비(GMP: Guaranteed Maximum Price)로써 발주자와 사업자간의 계약금액이 되고 이때 사업자의 이윤(margin)도 상호 협의 하에 결정된다. 이때 최대보증공사비(GMP)의 협의 확정시점은 시공이 착수되기 이전을 원칙으로 하는 것이 일반적이다.

최대보증공사비(GMP) 방식은 기본적으로 실비정산 · 보수가산 방식(actual cost plus fee)을 근간으로 하고 있지만 발주자가 지급 의무를 갖는 금액의 상한선이 정해져 있다는 것이 순수 실비정산 · 보수가산 방식과 구별되는 특징이다. 최대보증공사비(GMP) 방식의 기본 작동 메커니즘은 사업 수행 결과로 실 집행 금액이 최대보증공사비(GMP)를 초과하는 경우에는 사업자가 이 초과금액을 감수해야 하고 최대보증공사비(GMP)내에서 사업이 종료되면 절감분을 발주자와 사업자가 일정 비율로 나누어 갖는 것으로 일종의 인센티브이다.

이 방식에서는 실 투입 금액에 대한 상호 투명성이 가장 관건이기 때문에 공개 계정 운영(Open Book Accounting)을 원칙으로 하고 있다.

※ 공개 계정 운영

프레임웍 협약(Framework Agreement)에 의한 기본 준수사항이기도 한 공개 계정 운영은 주공급연쇄파트너(PSCP)와 하부 협력사 모두에게 적용되는 사항이다. 공개 계정 운영이란 주공급연쇄파트너(PSCP)와 협력사가 집행하는 공사비 지출 내역의 상세사항을 NHS 발주자에게 공개하는 것을 의미한다.

NHS 발주자에 의해 해당 사업의 주공급연쇄파트너(PSCP)와 하부 협력사가 선정되면 국립의료서비스(NHS)의 회계감사팀(Audit Consortia)이 주공급연쇄파트너(PSCP)에 배정된다. 회계감사팀은 정기적으로(또는 필요시) 주공급연쇄파트너(PSCP)의 회계 관련 서류를 감

96) 프로젝트의 성과에 영향을 미칠 수 있는 현안이나 리스크 발생이 감지되는 경우, 발주자 및 사업자는 이를 상호 통보해야하는 의무로 이를 계약적 준수사항으로 명시하고 있다.

사하고 그 결과를 NHS 발주자에게 통보한다. ProCure21에서 회계감사팀의 관리는 ProCure21 Team에 있는 회계감사 통제관(Audit Controller)이 담당한다.[97)]

공개 계정의 운영을 위해 NHS 발주자는 별도로 건설사업비 전문가(Cost Advisor)를 고용하여 건설사업비 관리 업무를 위탁한다. 건설사업비 전문가(Cost Advisor)는 용역 계약을 통해 NHS 발주자에 의해 고용되는 전문가 또는 전문 기업으로 건설사업관리(PM/CM) 또는 건설사업비관리(QS) 전문 기업이 고용되는 것이 일반적이다.

※ 파트너링 전략의 교훈과 시사점

1 단골이 성과를 향상 시킨다.

ProCure21에서 의료시설사업의 조달은 사전에 정선된 일류기업들과의 장기적 · 반복적 비즈니스 관계를 기초로 하고 있다. 이를 통해 발주자들이 누릴 수 있는 혜택이 크기 때문이라고 믿고 있기 때문이다. 단순히 입낙찰 기간의 단축뿐만 아니라 단골 '고객'과 단골 '거래처' 간의 장기적 신뢰 관계를 통해 얻을 수 있는 시너지 효과가 크다고 인정하는 것이다.

2 경쟁이 성과를 향상 시킨다.

ProCure21에 선정되지 못한 기업들 입장에서는 같이 나누어 먹지 못하고 주공급연쇄파트너(PSCP)가 우대 지위를 갖는 것에 대해 소외감과 불만이 있을 수도 있다. 이 책을 집필하는 과정에서 당시 ProCure21 주관기관이었던 국립의료자산청(NHS Estates)을 방문하여 이에 관한 사항을 질문한 적이 있다.

답변의 요지를 간추리면, "발주자가 유능한 기업을 우대하고 그들간의 경쟁을 통해 의료시설사업의 성과를 향상시키고자 하는 것은 발주자의 당연한 요구이며 권리이다. 공공사업은 국민의 세금으로 운영되는 사업이며 따라서 공공 발주자의 투자가치 달성은 국민의 세금을 합목적적으로 사용하기 위한 필수 조건이다. 주공급연쇄파트너(PSCP)를 선정하는 과정에서 모든 기업에서 공평하게 경쟁 기회가 주어졌지만 경쟁에서 탈락하는 업체가 발생하는 것은 당연한 것이다. 또한 그 선정과정은 투명하고 공정하게 진행되었으며 탈락한 업체에게는 사유에 대해 충분한 피드백이 주어졌다. 선정 이후에 나타난 후유증이나 잡음이 심각한 문제가

97) NHS Estates, ProCure21 Capital Schemes: The Open Book Process, www.nhs-procure21.gov.uk

되지는 않았다."

한 가지 반드시 주지해야 할 것이 있다. 주공급연쇄파트너(PSCP)의 우대 지위는 영속적인 것이 아니라는 것이다. 보건부(DOH)/NHS 발주자와 주공급연쇄파트너(PSCP)간의 관계는 '좋은 게 좋은 그렇고 그런' 관계가 아니라 성과측정에 의한 지속적인 향상을 전제로 하는 '냉정한 관계' 라는 것이다.

또한 주공급연쇄파트너(PSCP)라는 지위 획득이 자동적으로 수주 기회를 제공하는 것도 아니다. 개별 사업에서 NHS 발주자에게 선정되기 위해 주공급연쇄파트너(PSCP)간의 치열한 경쟁 과정이 남아 있기 때문이다. ProCure21에서는 지속적인 성과 향상이라는 조건과 주공급연쇄파트너(PSCP)간의 경쟁을 유발시킴으로서 NHS 발주자가 우수한 건설서비스를 지속적으로 확보하고 투자가치를 극대화할 수 있는 가능성을 높이고 있는 것이다.

3 파트너링은 상생의 해법이다.

11개 주공급연쇄파트너(PSCP)가 수 조원에 달하는 의료시설사업에 대해 우대 지위를 갖는 것에 대해 소수에 의한 독과점이라는 오해도 가능할 것 같다. 이미 설명한 바와 같이 11개 주공급연쇄파트너(PSCP)만이 ProCure21 사업에 참여하는 것이 아니다. 이미 선정 과정에서 주요 협력사들이 함께 선정된 것이고 주공급연쇄멤버(PSCM) 업체 수만 해도 200 여개에 이른다. 만일 공급연쇄멤버(SCM) 업체 수까지 합치게 되면 그 수는 더욱 늘어난다.

주공급연쇄파트너(PSCP) 입장에서는 우대 지위라는 '당근' 과 성과측정 결과에 따른 우대 지위 유지라는 '채찍' 을 앞에 두고 '드림 팀' 을 구성할 수밖에 없다. 단순히 시공만을 위한 팀이 아니라 NHS 발주자에게 양질의 토털 서비스를 제공하기 위한 일류 팀이어야 한다. 결국 일류 협력사를 참여시킨 최고의 팀을 구성하기 위한 노력을 경주할 수밖에 없다.

자신의 우대 지위를 유지하기 위한 선택인 것이다. 결국 주공급연쇄파트너(PSCP)의 우수한 퍼포먼스는 자신의 역량만으로는 달성되는 것이 아니라 얼마나 우수한 협력사와 장기적인 협력관계를 맺고 효율적인 팀으로서 참여하는가가 관건이 된다. 이러한 과정에서 공급연쇄관리를 통한 주관 기업과 협력사간의 상생이 가능하게 되는 것이다. 역량 있는 하부 협력사를 홀대하고서는 경쟁력 있는 공급연쇄의 구성이나 지속적인 유지가 불가능하기 때문이다.

현재 우리나라에서도 건설산업의 상생이 매우 중요한 화두가 되고 있다. 혹자는 시장을 분화해서 따로 '놀 수 있는' 시장을 마련해 주는 것이 상생의 방안이라고 주장하기도 한다.

전혀 효과를 기대할 수 없는 해법이다.

인위적인 시장의 칸막이를 만드는 것은 칸막이 확장과 수호를 위한 화근의 빌미를 제공하고 자발적인 혁신 동기를 꺾는 결과를 초래할 뿐이다. 이러한 현상은 지난 수십 년간 우리가 이미 목격하고 있는 것이다. 더 중요한 포인트는 시장의 칸막이를 두는 것은 발주자의 투자가치 달성과는 무관한 '그들만의 게임' 일 뿐이다.

상생은 상호간의 비즈니스 목표 달성을 위해 자발적으로 상호 취약한 역량을 보완하여 팀(team)으로서 활동하고 성공의 이익을 공유함으로서 가능한 것이다. 상생의 목표 또한 건설산업계의 '복지' 차원이 아니라 건설고객의 투자가치 달성에 초점을 맞추어져야 비로소 시장에서 인정을 받는 것이다. 건설산업 혁신은 기본적으로 고객 지향적이어야 정당성을 인정받을 수 있고 지속성을 확보할 수 있다는 것을 반드시 주지해야 한다.

ProCure21에서 채택하고 있는 파트너링 전략은 의료시설사업에서 발주자의 투자가치 달성뿐만 아니라 기업 간의 상생을 위한 기회를 마련해주고 있다는 측면에서 높이 평가될 수 있다. 그 계기는 정부와 NHS 발주자가 제공하고 있다. 즉, 정부와 발주자에 의한 파트너링이라는 혁신적인 조달 방식이 건설산업의 자율적인 상생까지도 가능하게 한다는 것이다. 그래서 정부와 발주자의 리더십이 중요한 것이다.

4 통합 팀은 시너지 효과를 유발한다.

ProCure21에서 채택하고 있는 통합 팀의 운영도 주목할 만하다. 사업 초기단계에서부터 NHS 발주자와 주공급연쇄파트너(PSCP) 및 하부 협력사가 하나의 통합된 프로젝트 팀을 구성하여 해당 사업을 시행하는 것이다. 이는 '갑' 과 '을' 의 수직적 계약관계에 의한 분담형 사업수행이 아니라 통합한 팀으로서 사업을 수행하는 방식이다.

이미 강조한 바와 같이 건설사업의 성패는 발주자가 얼마나 똑똑한가에 달려있다. 역량과 경험이 미숙한 아마추어 발주자가 리더로서 건설사업을 성공으로 이끌 수는 없다. 발주자가 똑똑해지는 방법은 두 가지 중 하나이다. 스스로 전문 인력을 고용하여 자체적으로 해결하든지 아니면 외부로 부터 전문적인 도움을 받는 것이다. 통합 팀의 운영은 후자에 해당되는 해법이다. ProCure21에서는 통합 팀의 운영을 통해 발주자를 똑똑하게 만들고 동시에 발주자의 투자가치를 달성하고자 하는 것이다.

ProCure21에서 파트너링을 실무적인 메커니즘으로 정형화 시켰다는 것도 높게 평가할 만하다. 공급연쇄의 체계화, 정형화된 표준 프로세스 개발, 표준 계약서 활용 등 단순히 '정신' 이나 '개념' 수준에 머무를 위험이 있는 파트너링 방식을 실행 가능하게 실체화 시킨 것이다. 물론 상호 신뢰라는 '정신' 도 무시할 수 없다. 결국 성공적인 파트너링을 위해서는 '정신' 과 '실무 도구' 가 함께 전제되어야 하는 것이다.

5 혁신의 멘토와 관리자가 필요하다.

ProCure21에서 채택하고 있는 혁신적이고 진보된 조달방식이 하루 아침에 작동되는 것은 아니다. 기존 조달 방식에 익숙해 있던 NHS 발주자늘에게 ProCure21은 쉽게 소화하기 만만치 않은 것이었다. 진보된 조달방식은 세련된(sophisticated) 운영자(발주자)를 요구하며 ProCure21의 실행 과정에서도 이런 문제가 대두되었다. 따라서 NHS 발주자에게 혁신의 동기를 부여하고 혁신을 위한 지식 전수와 가이드를 담당할 조직이 필요하였다. 동시에 혁신의 성과를 꼼꼼하게 챙기는 관리자도 필요하였다. ProCure21 Team의 역할인 것이다.

ProCure21 Team은 ProCure21의 성공적인 실행을 위한 핵심적인 추진 조직으로 발주자의 베스트프랙티스를 가이드하고 훈련시키는 관리자(manager)와 멘토(mentor)의 역할을 담당하고 있다. 또한 ProCure21을 통해 이미 성공을 거둔 NHS 발주자 사례를 보급함으로써 혁신에 대한 불안감을 해소시켜주고 혁신의 성과에 대해 회의적인 생각을 가지고 있는 NHS 발주자들을 설득하고 있다. 혁신을 추진하기 위해서는 혁신을 주도하고 끌어 줄 멘토와 관리자가 필요하다는 것을 시사하는 것이다.

04 일류 발주자 전략

※ 일류 발주자 전략 체계

이간 보고서와 영국 정부의 일류 건설조달(AEC) 프로그램에서는 일류 발주자의 리더십은 건설사업의 효율성과 생산성, 궁극적으로는 사업의 성패에 결정적인 영향을 미치는 매우 중요한 요소로 강조되고 있다. ProCure21에서도 이를 인정하고 NHS 발주자가 일류 발주자로서의 역할을 수행할 수 있는 전략을 채택하였다.

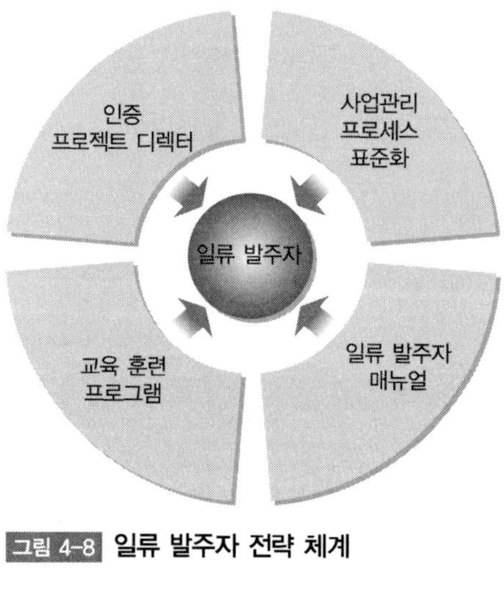

그림 4-8 일류 발주자 전략 체계

✲ ProCure21의 일류 발주자

ProCure21에서 채택하고 있는 일류 발주자 전략에 대한 세부적인 내용을 살펴보기에 앞서 이들은 일류 발주자를 어떻게 이해하고 있는가를 먼저 살펴볼 필요가 있다. ProCure21에서는 일류 발주자를 일류 발주자의 패러다임과 일류 발주자의 역량 측면에서 다음과 같이 조명하고 있다.

1 일류 발주자의 10가지 패러다임 전환

ProCure21에서는 일류 발주자가 되기 위한 조건으로 10가지 패러다임의 전환을 강조하고 있다.

기존 패러다임	일류 발주자 패러다임
가격 중시	토탈 시스템 경제성 중시
비효율성 요소 제거 초점	고객 지향적 가치 창출 초점
처방적 접근 방식	위임적 접근 방식
파편적 관계 활용	통합적 관계 활용
정기적 미팅 활용	지속적 피드백 메커니즘 활용
점진적 개선	근본적 변화
갈등 발생 후 해결 주력	리스크 매니지먼트 주력
일대일 관계 중심	다자간 협력 중심
내부지향적/수직하향적 거버넌스	내외부지향적/분배적 거버넌스
개인적 지식관리	조직적 지식관리

그림 4-9 일류 발주자 패러다임 * 자료: NHS Estates

10가지 패러다임은 각기 서로 다른 내용과 특징과 가지고 있지만 이를 관통하는 원칙은 동일하다. 일류 발주자가 되기 위해서는 정신을 뜯어 고치고(paradigm shift) 보다 낳은 방법으로 다르게 일해야 한다는 것이다: Do things differently in a better way.

약간 다르게 일하는 것이 아니라 새로운 정신을 가지고 혁신적으로 다르게 일해야 한다는 것이다. 혁신은 현재의 연장선상에 있는 것이 아니라 새로운 선상에서 시작되기 때문이다.

발주자는 조달 혁신이나 성공적인 조달의 '꼭지점' 에 서있으며, 발주자가 패러다임의 전환을 통해 보다 낳은 방식으로 다르게 일하지 않으면 건설서비스 공급자를 긍정적으로 변화시킬 수 없다는 것이다. 이 역시 발주자의 리더십이며 발주자가 변해야 건설산업이 변하는 이유이기도 하다.

위에 제시된 10가지 새로운 패러다임은 발주자의 수준을 평가하는 항목으로 활용될 수 있을 것 같다. 위의 10가지 항목으로 현재 우리 공공 발주자를 평가하면 어떤 성적이 나올까? 재미있는 연구 주제가 될 것 같다.

2 일류 발주자의 5가지 역량

ProCure21에서는 일류 발주자의 역량을 (1) 팀웍킹 (2) 리스크 관리 (3) 헌신 (4) 커뮤니케이션 (5) 지식관리 등 5가지 영역으로 구분하고 있다. 이들 역량을 하나씩 살펴보면 흥미로운 특징을 발견할 수 있다. 이들 5가지 역량은 좋은 리더가 갖추어야 하는 역량과도 일치하고 있다는 것이다.

그림 4-10 **일류 발주자 역량** * 자료: NHS Estates

또 다른 흥미로운 특징이 있다. 일류 발주자가 되기 위한 5가지 역량도 결국 공급자와의 관계를 통해 완성된다는 것이다. 파트너링 전략, 일류 발주자의 패러다임, 일류 발주자의 역량 등에서 반복적으로 강조되고 있는 포인트다. 결국 의료시설사업의 성공은 일류 발주자와 일류 서비스 공급자간의 관계를 통해 달성된다는 인식을 그대로 반영하고 있는 것이다. 이러한 성공의 조건은 알란 밀번(Alan Milburn) 보건부(DOH) 장관에 의해서도 강조되었다:

"지속적인 개선은 발주자와 건설산업계의 협력적 관계에 달려있다".

ProCure21에서는 이 성공 조건을 충족시키기 위한 전략을 채택하고 있으며 일류 발주자를 필수조건으로 보고 있는 것이다. 용장(勇將) 밑에 약졸(弱卒)은 없기 때문이다.

✲ 인증 프로젝트 디렉터

발주자가 일류 발주자로서의 역할을 수행하기 위한 중요한 요건 중 하나는 똑똑한 발주자측 사업관리 책임자가 있어야 한다는 것이다. 발주자측 사업관리 책임자는 해당 프로젝트의 발주자측 대표(representative)이며 동시에 프로젝트 팀의 리더 역할을 담당하는 주체이기 때문에 프로젝트의 성패에 막대한 영향을 끼치게 될 수밖에 없다.

오케스트라의 지휘자, 배의 선장, 축구팀의 감독 같은 자리가 발주자측 사업관리 책임자이다. 아무나 할 수 없고 아무나 하여서도 안 되는 자리이다. 단순히 발주자측 인원이라는 이유만으로 역량이 부족하거나 검증되지 않은 사람이 이 자리를 차지하는 것은 매우 무모한 결정이다. 이러한 점을 영국 정부에서도 인지하고 있었기 때문에 일류 건설(AEC) 프로그램에서 프로젝트 스폰서(Project Sponsor)라고 불리는 사업관리 전문가의 활용을 중요한 조달 전략으로 채택한 것이다.

의료시설사업을 시행하는 NHS 발주자 입장에서도 유능한 사람을 발주자측 사업관리 책임자로 선임하는 것은 매우 중요한 현안이었다. 특히 ProCure21과 같은 혁신적인 조달 프로그램에 준하여 의료시설사업을 시행하는 것은 NHS 발주자에게 대단한 도전(challenges)일 수밖에 없었다. 결국 NHS 발주자를 위해 의료시설사업의 시행을 총괄 리드 할 수 있는 경험과 지식 그리고 리더십을 갖춘 전문가가 필요하였다. 이러한 배경에서 ProCure21에서는 인증 프로젝트 디렉터(Accredited Project Director)라는 시스템을 가동시킨다. 인증 프로젝트 디렉터란 일정 경력 및 자격 요건의 심사를 통해 ProCure21에 의해 인증된 사업관리 전문가를 지칭한다.

이들은 NHS 발주자 내부 인원 일수도 있고 외부에서 위촉된 사업관리 전문가 일수도 있다. 즉, NHS 발주자 내부 인원이 아니더라도 ProCure21에 의해 인증되면 해당 사업의 발주자측 사업관리 책임자로 선임될 수 있다는 것이다.

NHS 발주자가 단순히 사업관리 용역서비스를 받는 것이 아니라 발주자측 사업관리 책임자라는 '자리'를 내어주는 것이다. 결국 인증 프로젝트 디렉터를 통해 NHS 발주자는 자신의 조직 내부에서 부족한 사업관리 역량을 보완하고 똑똑한 발주자로서의 역할을 감당 할 수 있게 되는 것이다.

이는 NHS 발주자 조직 내부에 역량 있는 사업관리 전문가가 없다면 외부 전문가를 활용하여 발주자의 역할과 권한을 위임하고 의료시설사업의 총괄 관리를 맡기겠다는 것을 의미하는 것이다. 발주자측 인원이라는 이유만으로 아마추어 리더를 내세우는 것 보다는 외부 전문가를 활용해 프로페셔널 리더를 발주자측 사업관리자로 활용하는 것이 해당 프로젝트의 성공과 투자가치 달성을 가능하게 한다는 혁신적인 사고인 것이다. 비록 파트너링과 공급연쇄관리를 통해 일류(一流) 프로젝트팀을 구성해 놓았다 할지라도 아마추어 리더 밑에서는 이류(二流)로 전락할 수밖에 없다는 것을 ProCure21에서는 분명하게 인지하고 있다는 증거이다.

ProCure21에서는 역량 있는 프로젝트 디렉터의 중요성을 다음과 같이 강조하고 있다.

> *"과거 최저가 낙찰방식을 기조로 운영된 기존 사업에서 발주자측 프로젝트 디렉터의 역할은 공기와 공사비 등을 준수하는 것에 국한되어 있었다. ProCure21에서의 프로젝트 디렉터는 더욱 진보된 역할을 담당해야 한다. 그들은 가치를 부가하고 최상의 의료시설을 완성할 수 있도록 최대한의 역량을 발휘 할 수 있어야 한다. 또한 그들은 파트너링 관계가 가장 생산적으로 작동할 수 있도록 조율하는 역할을 담당하여야 한다. 이간 보고서에서도 성공한 프로젝트의 배경에는 훈련되고 역량이 우수한 프로젝트 디렉터가 있다는 것을 명확하게 밝히고 있다. ProCure21은 이 성공의 원리를 따르고자 한다."*[98]

98) NHS ProCure21: Project Directors, www.nhs-procure21.gov.uk

ProCure21에 의해 인증된 프로젝트 디렉터가 개별 의료시설사업에서 NHS 발주자에 의해 선임되는 시기는 주공급연쇄파트너(PSCP) 선정 이전의 사업 초기 기획단계이다. 주공급연쇄파트너도(PSCP)도 사업 초기 기획단계에 선정되지만 인증 프로젝트 디렉터가 먼저 선임되는 것이 표준적인 절차이다.

인증 프로젝트 디렉터의 인증 요건은 (1) 관련 대학원 학위 (2) 유사 경험 및 실적 (3) 프로젝트매니지먼트협회(APM, Association of Project Management)와 같은 관련 유관 전문단체의 멤버십 등이다. 인증 프로젝트 디렉터 운영초기 단계에서는 지원자들을 건설 관련 전문가들이 심사하여 인증 여부를 결정하였으며 현재에는 대학과 연계된 사업관리전문가 대학원 교육 과정을 이수한 사람에게도 인증 프로젝트 디렉터 자격을 부여하고 있다. 인증 프로젝트 디렉터는 ProCure21 클럽의 멤버가 되며, 이 클럽을 통해 다른 인증 프로젝트 디렉터들과 베스트프랙티스와 경험 등을 교류하고 공유하는 기회를 가지게 된다.

인증 프로젝트 디렉터는 일 년 단위로 성과 평가를 받고 그 결과에 따라 재신임 여부가 결정되게 되며 ProCure21 Team에서 이들의 인증 및 인력 풀(pool) 관리 업무를 담당하고 있다. 현재는 ProCure21에 의한 의료시설사업에서만 인증 프로젝트 디렉터를 활용하고 있지만 장기적으로는 모든 의료시설 조달사업에서 인증 프로젝트 디렉터를 활용할 계획으로 알려지고 있다.

ProCure21에서 프로젝트 디렉터의 기능과 역할은 매우 세부적으로 정의되어 있으며[99] 이러한 역할을 수행하기 위해 프로젝트 디렉터는 자신의 업무를 보좌하는 프로젝트 매니저(Project Manager)와 코스트 매니저(Cost Advisor)를 선임하여 해당 사업을 리드한다.

※ 조달 베스트프랙티스 기반의 사업관리 프로세스 표준화

ProCure21은 기존 방식에 비해 혁신적이고 새로운 사업 진행과 참여자의 역할을 요구하기 때문에 이와 관련된 사업관리 프로세스를 정형화하지 않으면 운영상의 혼선이 야기될 수 있었다. 또한 NHS 발주자가 올바른 기능과 역할을 담당하기 위해서는 전체적인 사업의 흐름을 일목요연하게 파악하는 것도 매우 중요하였다.

99) NHS Estates(2004) Schedule of Duties for Project Director and Project Manager.

이러한 취지에서 ProCure21에서는 사업초기 단계에서부터 종료까지의 사업관리 프로세스를 표준화하고 이를 도식화 하여 프로젝트 디렉터, NHS 발주자, 관련 컨설턴트, 주공급연쇄파트너(PSCP) 및 하부 협력사 들이 활용할 수 있도록 하고 있다.

ProCure21의 사업관리 표준 프로세스는 「BOP Process Maps」[100]이라는 가이드를 통해 제시되고 있다. 이 가이드에서는 의료시설사업의 표준 절차를 플로우차트(flow chart) 형식으로 표현하여 각 단계별 주요 업무와 각 주체별 기능과 역할을 도식화함으로써 NHS 발주자를 포함한 사업 참여주체들의 사용상 편의를 도모하고 있다.

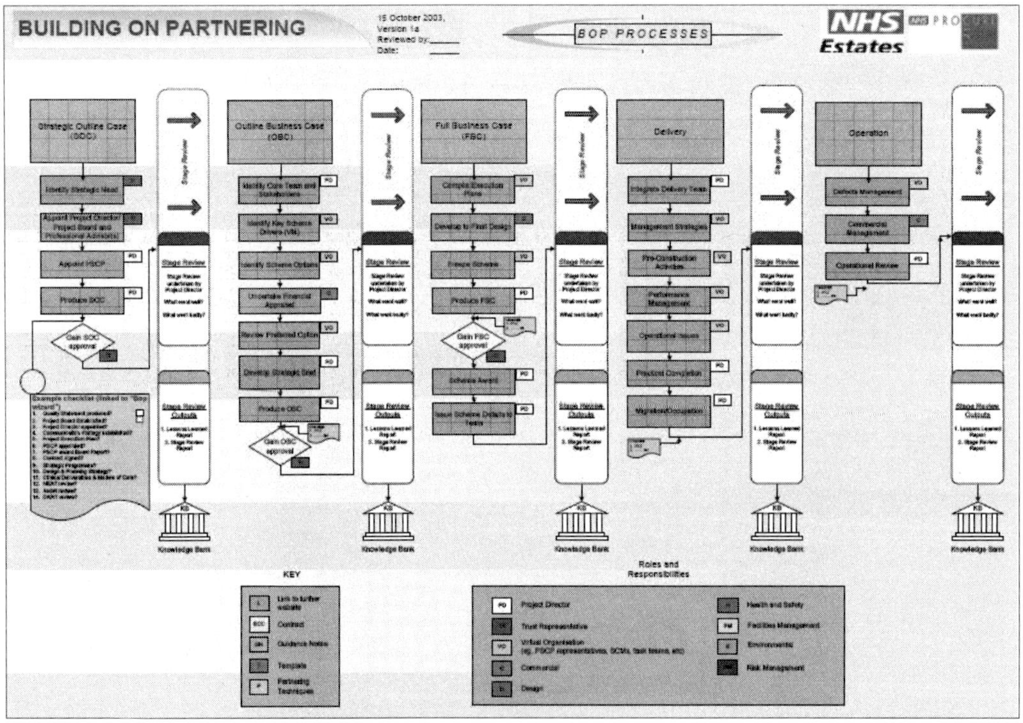

그림 4-11 BOP 프로세스 예시: 총괄도 * 자료: NHS

이 표준 프로세스는 조달 베스트프랙티스를 정형화된 절차로 표현한 것이며 비록 세부적인 내용이나 사용된 용어는 정부상무청(OGC)의 Gateway 프로세스와 다소 차이가 있지만 기본적인 흐름이나 주요 실천사항 등은 매우 유사하다. 즉, 정부상무청(OGC)의 Gateway 프로세스를 기본틀로 하여 이를 의료시설사업에 적합하게 재해석한 것이라고 이해하면 될 것 같다.

100) NHS Estates, Building on Partnering(BOP) Process Maps, www.nhs-procure21.gov.uk

※ 교육 · 훈련 프로그램

ProCure21에서 채택되고 있는 다양한 전략과 사업수행 방식은 건설사업에 대한 오랜 경험을 지니고 있는 주체들에게도 생소하게 느껴질 만큼 매우 혁신적인 것들이었다. 따라서 ProCure21이 그 목적에 맞게 효과적으로 작동하기 위해서는 의료시설사업의 참여 주체를 '업그레이드' 시키는 교육 · 훈련 과정이 필요하게 되었다. 교육 · 훈련의 대상자는 NHS 발주자의 관련 업무 담당자, 인증 프로젝트 디렉터, 주공급연쇄파트너(PSCP) 및 협력사의 주요 인력 등이며 특히 NHS 발주자의 참여가 매우 중요시 되고 있다.

이 교육 · 훈련의 목적은 단순히 실무적인 지식과 역량의 향상만을 위한 것이 아니라 ProCure21의 정신과 취지 그리고 성공 요인들에 대한 인식을 다양한 사업 참여주체가 공유하게 함으로써 궁극적으로는 ProCure21이 추구하는 목표를 향한 공감대를 형성하고자 하는 목적도 있다. 즉, ProCure21을 통한 발주자의 투자가치 달성이라는 목표를 달성하기 위해서는 단순히 개별적인 실무 지식과 역량뿐 만아니라 하나의 팀으로 작동할 수 있는 공감대의 형성이 중요한 것이었다. 다양한 교육 주제 중 특히 가장 핵심적인 주제는 다음과 같다.

- ProCure21에 대한 이해
- 공급연쇄파트너(PSCP) 선정 절차
- 성공적인 브리프(brief) 개발
- 표준 계약서(ECC Contract)에 대한 이해
- 프로젝트 매니저와 코스트 매니저의 역할
- 린(Lean) 건설
- 리스크 및 가치 매니지먼트
- 최대보증공사비(GMP) 및 목표 금액(Target Cost) 개발
- 회계감사 및 공개 계정 운영
- 효과적인 협력 기술
- 파트너링 방식에서의 사업관리
- 성과측정 방법

ProCure21 Team에 의해 기획되고 주관되는 교육 · 훈련 프로그램은 크게 2가지의 형태로 진행되고 있다. 하나는 ProCure21 Team이 직접 주관하는 순회 교육 또는 워크숍이며 두 번째는 대학 위탁 교육의 형태이다.

대학 위탁 교육의 경우, 현재 랭커스터(Lancaster) 대학, 포츠머스(Portsmouth) 대학, 사우스뱅크(South Bank) 대학 등 3개 대학이 ProCure21 Team과 공조하여 프로젝트 리더십 학위(Diploma in Project Leadership) 과정을 운영하고 있다. 이 과정 이수자에게는 인증 프로젝트 디렉터의 자격이 부여된다.[101]

파트타임 형태로 운영되는 각 대학별 교육 기간에는 다소 차이가 있지만 약 16개월에서 2년 정도가 소요된다. 또한 각 대학별로 커리큘럼에 다소 차이는 있지만 기본적으로 위에 제시된 핵심 교육 주제를 다루고 있다.

랭커스터(Lancaster) 대학의 경우, 리더십 학위 과정은 7개의 모듈(Module)로 구성되어 있다. 각 모듈별로 해당 주제가 정해져 있고 과정 전반부에는 기초 지식 습득을 중심으로, 후반부에는 응용 중심으로 교과 과정이 구성되어 있다. 또한 각 모듈이 끝나는 시점마다 1일 워크숍이 운영된다. 과정 평가는 개인 평가와 그룹 평가로 구분되며 이 교과 과정은 철저하게 NHS 의료시설사업 및 ProCure21의 파트너링 적용을 위한 리더 양성에 초점이 맞추어져 있다.

101) www.nhs-procure21.gov.uk

표 4-8 랭커스터 대학의 리더십 교육 커리큘럼[102]

모듈 구분	주요 주제	평가 방식	배점	개인평가	그룹평가
Module 1 프로젝트 구상	• 전략적 사고 • ProCure 21 개론 • 파트너링 개론 • 파트너링을 통한 사업관리 프로세스	프로젝트 구상 관련 핵심 주제를 선정하여 4,000 단어 내외의 보고서 제출	10%	◎	
실습 워크숍 (1일)					
Module 2 프로젝트 착수	• 프로젝트 정의 • 참여주체 매니지먼트 • 전략적 가치 매니지먼트 • 표준계약서(ECC)	프로젝트 착수 관련 핵심 주제를 선정하여 4,000 단어 내외의 보고서 제출	10%	◎	
실습 워크숍 (1일)					
Module 3 프로젝트 계획	• 프로젝트 계획 및 통제 • 혁신 주도 • 전략적 품질 매니지먼트	프로젝트 계획 관련 핵심 주제를 선정하여 4,000 단어 내외의 보고서 제출	10%	◎	
실습 워크숍 (1일)					
Module 4 프로젝트 실행	• 재정 매니지먼트 • 성과측정 • 벤치마킹 • 효과적인 커뮤니케이션	프로젝트 실행 관련 핵심 주제를 선정하여 4,000 단어 내외의 보고서 제출	10%	◎	
실습 워크숍 (1일)					
Module 5 파트너링 구축 전략	• 실제 프로젝트 상황을 염두에 두고 파트너링 구축 전략을 수립한다.		15%		◎
실습 워크숍 (1일)					
Module 6 파트너링 적용 전략	• 실제 NHS 의료시설사업을 대상으로 파트너링을 적용 전략 및 해법을 구상한다.		25%		◎
실습 워크숍 (1일)					
Module 7 리더십 돌아보기	• 그간의 교육 내용을 되돌아 보면서 관련 경험 및 소감을 피력하고 NHS 의료시설사업의 관점에서 적합한 리더십 전략을 제안한다.	5,000 단어 내외의 보고서 제출	20%	◎	

102) Lancaster University(2004) University Diploma in Project Leadership.

※ 일류 발주자 베스트프랙티스 매뉴얼

ProCure21을 운영하는 과정에서 일류 발주자란 어떤 발주자이며 일류 발주자가 갖추어야 하는 인식, 역량, 기능 및 역할은 무엇인지를 정의하는 것은 필수적인 과제였다. NHS 발주자 입장에서도 일류 발주자가 되어야 한다는 당위적인 주장만으로는 일류 발주자의 역할을 담당 할 수 있는 것은 아니었다. 결과적으로 일류 발주자의 베스트프랙티스를 가이드해 주는 실무 자료가 필요하게 되었다.

이러한 취지에서 「일류 발주자 가이드: Best Client Guide」[103]라고 명명된 발주자 베스트프랙티스 매뉴얼이 개발되었다. 약 280 페이지에 달하는 이 매뉴얼에서는 ProCure21의 배경과 주요 내용 그리고 사업 수행 단계별로 일류 발주자로서 숙지해야 할 인식과 태도, 성공요인, 실천 사항 등을 제시하고 있다. 따라서 이 자료는 단순한 업무 매뉴얼의 차원을 넘어선 일류 발주자의 '생활 지침서' 라고 할 수 있다.

이 매뉴얼은 NHS 발주자와 프로젝트 디렉터, 프로젝트 매니저 등 발주자측 인원을 주 대상으로 하고 있지만 이 매뉴얼을 인터넷을 통해 공개함으로써 발주자가 어떠한 베스트프랙티스를 실천하고자 하는 지를 다양한 참여주체와 공유하고 있다. 발주자의 베스트프랙티스를 이해하는 것은 다른 참여주체에게도 매우 중요한 사안이기 때문이다.

이 이외에도 프로젝트 디렉터와 프로젝트 매니저의 역할과 코스트 매니저의 역할을 정의한 가이드도 개발되어 이들이 효과적으로 역할을 담당할 수 있도록 지원되고 있다.[104] [105]

※ 일류 발주자 전략의 교훈과 시사점

1 일류 발주자의 중요성과 가치를 인식해야 한다.

ProCure21의 일류 발주자 전략에서 가장 먼저 주목해야 할 것은 전략 내용 그 자체가 아니다. 일류 발주자를 조달혁신의 핵심 어젠다로 채택하였다는 사실에 가장 먼저 주목해야 한다. 일류 발주자가 일류 성과를 가능하게 한다는 것을 인정하였다는 것, 발주자가 혁신을 리드

103) NHS Estates(2002) Best Client Guide, NHS Estates.
104) ProCure21, Schedule of Duties for Project Director and Project Manager.
105) ProCure21, Schedule of Duties for Cost Advisor.

해야 한다는 인식 변화에 큰 의미가 있는 것이다. 발주자가 조달 베스트프랙티스를 채택하고 이에 따르도록 건설산업계에 요구할 때 건설산업계는 일류 발주자에게 일류 서비스를 제공하기 위한 노력을 경주할 수밖에 없다. 눈높이가 높은 발주자를 만족시키기 위해서이다. 건설산업계의 수준은 발주자의 눈높이에 맞추어진다는 사실을 반드시 기억할 필요가 있다.

2 발주자에게도 자격이 필요하다.

ProCure21과 같이 생소한 혁신 프로그램으로 의료시설사업을 조달하는 것 하나만으로도 쉽지 않은 과제이다. 거기에 더하여 일류 발주자로서 행동하라는 것은 NHS 발주자에게 매우 큰 도진이있다. 발주자의 기능과 역할을 전문적으로 담당할 수 있는 사업관리 총괄자가 필요하게 되었다. 프로젝트 디렉터는 발주자의 베스트프랙티스를 주도하는 리더이다.

해당 사업의 경험과 지식 유무에 관계없이 단순히 발주기관의 '담당자'라는 이유만으로 프로젝트 리더의 자리를 맡기는 것은 매우 위험한 발상이다. 발주자는 단순히 해당 사업을 '관리'하는 주체가 아니라 해당 사업을 총체적으로 '리드'해야 하는 주체이다. 발주자에게도 '자격'이 요구되는 것이다. 그래서 인증 프로젝트 디렉터 시스템을 채택하게 된 것이다.

프로젝트의 성공과 발주자의 투자가치 달성을 위해 건설기술자와 건설산업계가 필요한 자격과 역량을 갖추고 있는지는 반드시 까다롭게 검증해야 하는 사항이다. 그간 간과되었지만 이보다 더 중요한 것이 있다. 바로 발주자가 사업의 리더로서의 자격을 갖추고 있는가 하는 것이다. 발주자가 발주자로서의 자격을 갖추고 있는가 하는 것이다. ProCure21은 인증 프로젝트 디렉터라는 시스템을 통해 똑똑한 발주자의 자격을 갖추고자하는 노력을 보여주고 있다.

3 일류 발주자는 만들어지는 것이다.

일류 발주자의 가치를 인정하는 인식의 전환만으로 일류 발주자의 역할을 수행할 수 있는 것은 아니다. 일류 발주자로 업그레이드 되기 위한 교육과 훈련이 필요한 것이다. ProCure21에서는 이 사실에 주목하고 자체 교육 또는 대학 위탁 교육을 통해 조달 베스트프랙티스를 NHS 발주자들에게 '무장'시키고 있다. NHS 발주기관 인원이나 프로젝트 디렉터뿐 들만 아니라 ProCure21에 참여하는 다양한 사업주체들을 대상으로 하는 교육 · 훈련이다.

베스트프랙티스와 사업 성공요인 등에 대한 인식과 지식을 발주자만 가지고 있는 것으로는 부족하다. 다양한 공급연쇄 참여자들이 이를 공유하고 있어야 한다. 프로젝트의 성공은 팀워킹으로 가능하며 베스트프랙티스와 사업 성공요인의 공유는 그 기반이 되는 것이다.

일류 발주자는 저절로 탄생되는 것이 아니다. 교육과 훈련을 통해 만들어지는 것이다. 베스트프랙티스와 사업 성공요인 등에 대한 인식과 지식으로 훈련되어져야 한다. 이러한 과정에서 공급연쇄 참여자들의 참여는 교육 · 훈련의 성과를 배가시킨다.

4 일류 발주자는 시스템으로 완성된다.

조달 베스트프랙티스는 피상적으로만 논의될 위험성을 다분히 내포하고 있는 주제이다. 그 범위가 광범위하고 때로는 정형화시켜 커뮤니케이션하기가 어려운 측면이 있기 때문이다. 따라서 조달 베스트프랙티스가 일관성 있는 실천사항이 되기 위해서는 교육 · 훈련과 병행하여 시스템적인 뒷받침이 있어야 한다. 이러한 이유에서 ProCure21에서는 조달 베스트프랙티스를 매뉴얼화 하고 사업수행절차를 정형화 · 체계화함으로써 조달 베스트프랙티스를 위한 시스템을 구축한 것이다. 교육과 훈련을 통한 발주자 업그레이드는 시스템을 통해 완성되기 때문이다.

05 일류 디자인 전략

❊ 일류 디자인 전략 체계

ProCure21에서는 일류 디자인을 투자가치 달성을 위한 필수 전제 조건으로 간주하고 있다. 일류 디자인이 일류 시공과 일류 유지관리를 가능하게 하기 때문이다. 디자인에는 건설사업의 모든 관리 요소가 내재되어 있다. 건설사업의 공사비, 공기, 품질, 리스크, 안전, 유지관리 등은 모두 디자인에 담겨져 있다는 뜻이다. 디자인은 건설사업의 성공을 담고 있는 '씨앗'이며 부실한 씨앗에서 풍성한 열매를 기대할 수는 없다.

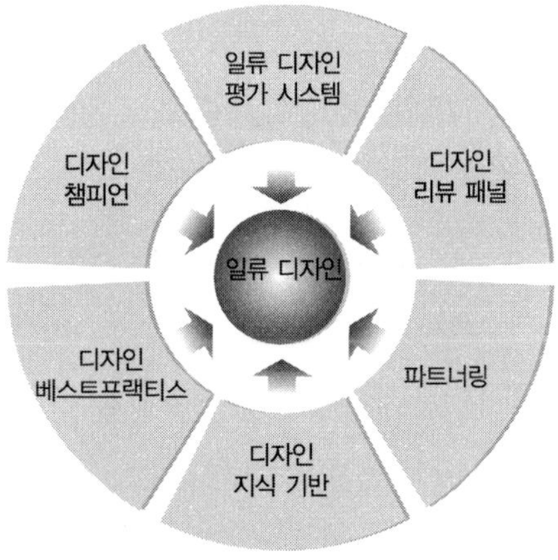

그림 4-12 일류 디자인 전략 체계

ProCure21에서는 의료건축디자인센터(CHAD, Centre of Healthcare Architecture & Design)[106]와 공조하여 다양한 일류 디자인 전략을 구사하고 있다. 의료건축디자인센터(CHAD)는 의료시설의 디자인 품질 향상이라는 보건부(DOH)의 전략적 목표 달성을 지원하기 위해 2001년 11월에 설립된 국립의료서비스(NHS) 산하 기관이다.

106) http://195.92.246.148/nhsestates/chad/chad_content/home/home.asp

❋ 일류 디자인 평가 시스템

일류 디자인 평가시스템(AEDET[107] Evolution)이란 의료시설 디자인의 품질 평가를 위해 개발된 평가(벤치마킹) 도구(toolkit)인 동시에 이 도구를 활용한 평가 프로세스를 의미한다.

이 평가시스템은 국립의료서비스(NHS)[108], 건축도시위원회(CABE, Commission for Architecture and the Built Environment)[109], 건설산업연합회(CIC, Construction Industry Council)[110], 쉐필드(Sheffield) 대학 등 산학연관의 전문가들에 의해 공동으로 개발되었다. 이 평가시스템은 보건부(DOH)에서 추진하고 있는 의료시설 디자인 품질 향상 전략의 일환으로 개발된 도구이며 이를 ProCure21에서 활용하고 있다.

1 일류 디자인 평가시스템(AEDET Evolution)의 활용 목적

일류 디자인 평가시스템(AEDET Evolution)은 기본적으로 다음과 같은 5가지 활용 목적을 가지고 있다.[111]

- 기존 의료시설 평가: 기존 의료시설을 상호 비교·평가하거나 개별 의료시설의 장점 및 단점을 진단하기 위한 목적으로 활용한다.
- 디자인 대안 평가: 의료시설의 다양한 디자인 대안들을 상호 비교·평가함으로써 가장 적정한 디자인 대안을 도출하는 도구로 활용한다.
- 지속적인 디자인 평가: 해당 사업의 디자인 초기단계에서부터 완성되는 단계에 이르기까지 지속적으로 디자인 품질을 평가하여 그 결과를 디자인 개선을 위한 정보로 활용한다.
- 브리프 개발 지원: '가상의 의료시설(imaginary buildings)'을 설정하여 이를 평가함으로써 그 결과를 바탕으로 브리프(brief) 작성을 위한 기준과 정보를 도출하는데 활용한다.
- 사후평가: 의료시설 완공 후 품질 달성 여부를 평가하기 위한 사후평가(post evaluation) 도구로 활용한다.

107) Achieving Excellence Design Evaluation Toolkit
108) 실무적으로는 국립의료자산청(NHS Estates) 및 의료건축디자인센터(CHAD)가 참여하였다.
109) 건축 및 도시 환경의 품격 향상 위해 1999년에 발족한 공공 위원회로 문화체육부(Department for Culture, Media and Sport)와 부수상실(Office of the Deputy Prime Minister)의 지원 하에 운영되고 있다: www.cabe.org.uk.
110) 건설 관련 협회 및 연구소의 연합 단체이다: www.cic.org.uk.
111) NHS Estaes, AEDET Evolution: Design Evaluation ToolKit, http://design.dh.gov.uk

일류 디자인 평가시스템(AEDET Evolution)은 기본적으로 디자인 품질을 평가 또는 벤치마킹하기 위한 도구이지만 그 활용 범위는 여기에 국한되지 않는다. 단순히 결과적인 디자인 품질만을 평가하는 것이 아니라 사전 계획(pre-planning)과 동시적 평가(concurrent evaluation)의 도구로 활용된다. 또한 기존 의료시설이나 준공 직후 의료시설의 벤치마킹 또는 평가 등 매우 다양한 활용성을 지니고 있다.

2 개발 배경 및 기대 효과

의료시설 디자인은 그 특성상 측정하거나 평가하기 어렵고 추상적인 개념을 구현하는 복잡한 과정이다. 그럼에도 불구하고 디자인 품질을 평가하는 것은 발주자, 설계자, 사용자 등이 디자인을 구상하고 구체화하도록 지원하는 역할을 담당 할 뿐만 아니라 최종적으로 의도하는 디자인이 구현되었는지를 확인하기 위해 필수적인 과정이다. 또한 이러한 평가 과정을 통해 디자인 품질이라는 추상적인 개념을 보다 가시적으로 이해하고 디자인 향상을 위한 상호 커뮤니케이션을 증진시킬 수 있다.[112]

일류 디자인 평가시스템(AEDET Evolution)은 이러한 개발 배경과 기대 효과 하에서 개발되었으며 궁극적으로는 일류 디자인 달성이라는 목표를 달성하기 위한 매니지먼트 도구(management tool)로써 ProCure21에서 활용되고 있다.

3 디자인 품질 평가항목

일류 디자인 평가시스템(AEDET Evolution)에서는 디자인 품질을 기능성(Functionality), 영향도(Impact), 시공 품질(Build Quality) 등 3가지 측면의 10개 항목으로 평가한다.

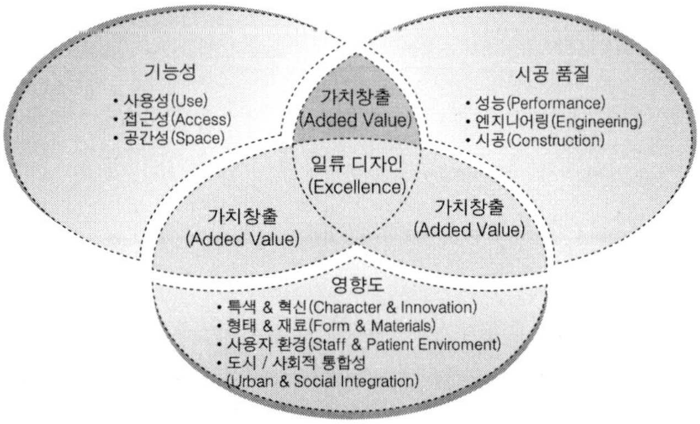

그림 4-13 일류 디자인 품질평가 항목 * 자료: NHS

112) NHS Estaes, AEDET Evolution, http://design.dh.gov.uk

10개 평가항목은 다시 58개 세부 평가항목으로 나누어지며 이들은 모두 서술형 문장(statement)으로 되어 있다. 디자인 품질점수는 58개 세부 평가항목의 결과가 10개의 평가항목별 품질점수로 취합되는 형태로 산출된다.[113]

이때 반드시 58개 세부항목 전부에 대한 평가를 해야 하는 것은 아니고 해당 프로젝트의 특성 및 단계에 따라 자율적으로 평가항목 수를 선택할 수 있다.

표 4-9 디자인 품질평가 세부항목

구분	품질평가 항목	세부항목
기능성 (Functionality)	사용성(Use)	7
	접근성(Access)	7
	공간성(Space)	6
영향도 (Impact)	특색 및 혁신(Character & innovation)	5
	형태 및 재료(Form & materials)	5
	사용자 환경(Staff & Patient Environment)	8
	도시 · 사회적 통합성(Urban & social integration)	4
시공 품질 (Build Quality)	성능(Performance)	4
	엔지니어링(Engineering)	5
	시공(Construction)	7
소 계	10개	58개

4 디자인 품질 평가방법

디자인 품질점수는 가중점수법(weighted scoring)에 의해 산출된다. 평가자는 평가 대상(예: 디자인 안)을 선정한 후, 우선 각 세부 평가항목의 문장을 읽고 중요도(weighting)를 높음(2점), 보통(1점), 없음(0점) 중 선택하여 평가한다. 즉, 세부 평가항목들의 상대적 중요도(가중치)를 먼저 결정하는 것이다.

다음 단계는 평가 대상에 비추어 각 세부항목에 대한 동의 수준을 6단계 척도를 이용하여 평가한다. 6단계 척도는 완벽한 동의(6점), 강한 동의(5점), 동의(4점), 약한 동의(3점), 매우 약한 동의(2점), 전혀 동의 안함(1점)으로 구분된다. 이 과정을 통해 각 세부 평가항목별 점수가 결정된다.

113) NHS Estaes, AEDET Evolution: Design Evaluation ToolKit, http://design.dh.gov.uk

IMPACT: Form and materials

Section B deals with the nature of the building in terms of its overall form and materials. It is primarily concerned with how the building presents itself to the outside world in terms of its appearance and organisation. Although it deals with the materials from which the building is constructed it is not concerned with these in a technical sense but rather the way they will appear and feel throughout the life of the building.

ID	Description	Weighting	Score	Notes
B.01	The building has a human scale and feels welcoming			
B.02	The design takes advantage of available sunlight and provides shelter from prevailing winds			
B.03	Entrances are obvious and logically positioned in relation to likely points of arrival on site			
B.04	The external materials and detailing appear to be of high quality			
B.05	The external colours and textures seem appropriate and attractive			

그림 4-14 **디자인 품질 세부평가 항목 예시** * 자료: NHS

세부 평가항목별 중요도(가중치)와 점수가 조합되면 가중점수가 산출되고 이 가중점수가 세부 평가항목별 최종 점수가 되는 것이다. 이 과정이 종료되면 결과적으로 10개 평가항목별 최종 점수가 산출되며 그 결과는 방사형 차트나 수평 차트로 표현될 수 있다.

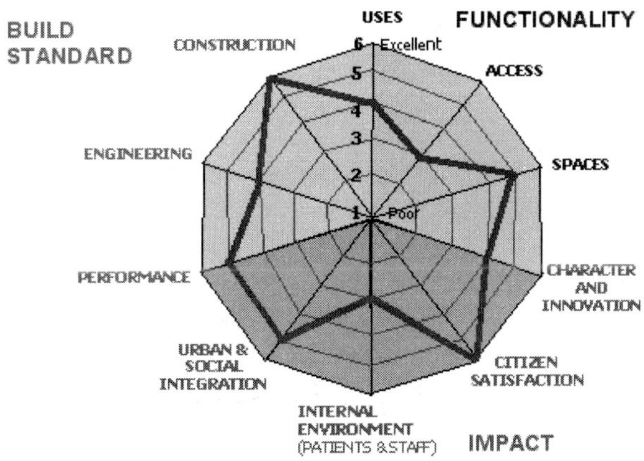

그림 4-15 **디자인 품질 평가 결과 예시: 방사형 차트** * 자료: NHS

ProCure21에서는 평가 과정을 효과적으로 진행하기 위해 MicroSoft Excel 서식으로 만들어진 표준 평가 서식을[114] 활용하고 있으며 각 세부항목별로 평가를 마치면 자동적으로 그 결과가 집계되어 웹(web) 상에 업로드(upload) 할 수 있는 시스템을 활용하고 있다. 또한 평가자의 평가 과정을 돕기 위한 가이드 정보(guide layer)와 사례 정보(evidence layer)도 제공되고 있다.

114) NHS Estaes, AEDET Evolution ToolKit, http://design.dh.gov.uk

5 디자인 품질점수의 활용 방법

10개 평가항목별 점수가 산출된 후 그 활용 방법을 이해하기 위해 예시를 들어 설명하면 다음과 같다.

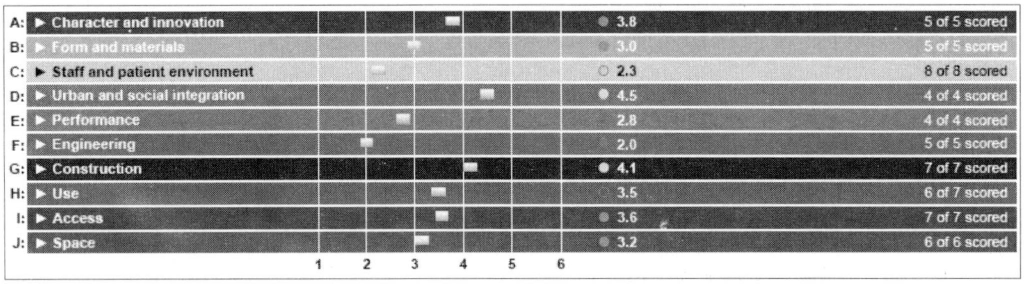

그림 4-16 **디자인 품질 평가결과 예시: 수평 차트** * 자료: NHS Estates

상기 그림은 가상 프로젝트의 예시로서 이 경우, 도시 · 사회적 통합성(Urban and social integration)은 비교적 우수한 점수(4.5점)를 받았지만 사용자 환경(Staff and patient environ ment)은 낮은 점수(2.3점)를 받았다.

이 결과를 통해 현재까지 진행된 디자인이 도시 · 사회적 통합성 측면에서는 우수한 디자인 이지만 사용자 환경 측면에서는 디자인 향상이 필요하다는 진단이 가능해 진다. 따라서 발주자 및 설계자는 사용자 환경에 해당되는 세부항목별 점수 및 평가내용을 확인을 하고 그 검토 결과를 후속 디자인에 반영함으로써 디자인의 품질 향상을 도모할 수 있다.

이와 같이 평가점수를 활용하면 해당 디자인이 어느 측면에서 취약한지를 가시적으로 발굴할 수 있게 되고 일류 디자인이라는 목표 달성을 위해 발주자와 설계자 등이 어느 측면의 향상을 위해 노력을 집중해야 하는지를 쉽게 파악할 수 있도록 해주는 강점이 있다. 즉, 디자인 품질향상을 위한 디자인 매니지먼트 대상이 파악되는 것이다.

또한 발주자, 설계자, 사용자 등이 개별적으로 평가점수를 산출하고 이를 방사형 차트를 이용하여 상호 비교하면 (1) 공통적으로 높은 점수를 받은 평가항목, (2) 공통적으로 낮은 점수를 받은 평가항목, (3) 상호 점수 격차가 높은 평가항목이 파악된다.

공통적으로 높은 점수를 받은 평가항목이라면 해당 디자인이 의도된 디자인 성과를 거두고 있다는 것을 확인해 주는 것이며 공통적으로 낮은 점수를 받은 평가항목이라면 개선이 필요한 항목이라는 것을 시사한다. 또한 상호 점수 격차가 높은 평가항목이라면 발주자, 설계자, 사용자 등 평가자간에 디자인 품질에 대한 서로 다른 이해와 평가를 내리고 있다는 것을 시사한다. 결국 평가자들에게 어떤 항목에서 격차가 발생했는지를 가시적으로 확인 할 수 있는 기회를 제공하는 동시에 이를 줄이기 위한 커뮤니케이션과 노력의 공감대를 형성할 수 있는 기회도 제공해 준다.

이와 같이 일류 디자인 평가시스템(AEDET Evolution)은 해당 디자인의 품질 수준을 진단하고 품질향상을 위해 노력해야 할 취약 부문과 디자인 품질에 대해 이견을 가지고 있는 부문의 발굴을 가능하게 해 준다. 이를 통해 디자인 품질을 향상을 위한 개선 노력과 효과적인 상호 커뮤니케이션을 가능해지는 것이다.

6 디자인 품질 평가자

일류 디자인 평가시스템(AEDET Evolution)을 이용한 평가 주체는 해당 사업의 특성 및 진행 단계에 따라 다소 다르게 구성될 수 있기 때문에 ProCure21에서도 평가 주체를 단정적으로 정의하고 있지 않다. 다만, NHS 발주자, 주공급연쇄파트너(PSCP) 및 하부 공급연쇄, 의료시설 사용자(staff and patient) 등 디자인에 직간접으로 영향을 미치거나 영향을 받는 주체가 평가자가 되는 것을 기본으로 권고하고 있다.

7 디자인 품질 평가 시기

ProCure21에서 일류 디자인 평가시스템(AEDET Evolution)을 이용한 디자인 품질 평가를 어느 시기에 몇 회를 실시해야 한다는 구체적인 규정은 없다. 다만, 디자인 초기단계에서부터 완성단계에 이르기까지 지속적으로 이를 활용하여 디자인 품질을 모니터링하고 관리 하는 것을 의무사항으로 규정하고 있으며 이를 사후평가(post project evaluation)의 도구로 활용하도록 하고 있다.

8 일류 디자인 평가시스템(AEDET Evolution)의 가치

일류 디자인 평가시스템(AEDET Evolution)은 매우 효과적이고 강력한 매니지먼트 도구이다. 추상적이고 개념적일 수밖에 없는 디자인 품질이라는 개념을 매니지먼트 가능한 대상으로 전환시켜 주고 있는 것이다.

'완벽한' 일류 디자인 품질이라는 것은 현실에서 존재하지 않을 것이다. 그러나 일류 디자인 평가시스템(AEDET Evolution)의 활용을 통해 해당 의료시설 사업의 관련 주체(stakeholders)간의 '합의된' 일류 디자인 품질을 정의하고 이해하며 상호 커뮤니케이션 할 수 있는 기회는 제공될 수 있다.

또한 디자인 품질의 달성 여부를 확인 할 수 있고 향상을 위한 어느 부문에서 노력이 경주되어야 하는 파악 할 수 있게 해준다. 동시에 다양한 디자인 대안들의 상대평가나 벤치마킹도 가능하게 해준다. 발주자나 설계자의 설계의사결정을 효율적으로 지원할 수 있는 장점도 지니고 있다.

일류 디자인 평가시스템(AEDET Evolution)이 '완벽한' 디자인을 보장하지는 않는다. 그러나 최소한 저급 디자인의 생산을 방지할 수 있으며 일류 디자인을 달성하기 위한 방법과 기회를 제공한다. 이러한 측면에서 일류 디자인 평가시스템(AEDET Evolution)은 ProCure21이 추구하는 일류 디자인을 달성 가능하게 하는 실무적 가치를 지니고 있다.

※ 디자인 리뷰 패널 프로그램

디자인 리뷰 패널(DRP: Design Review Panel) 프로그램은 보건부(DOH)에서 의료시설의 디자인 품질 향상을 목적으로 2001년 11월부터 시작한 프로그램이다. 이 프로그램의 후원기관은 국립의료서비스(NHS), 건축도시위원회(CABE) 및 황태자 재단(Prince's Foundation)[115]이고 실무적 운영은 의료건축디자인센터(CHAD)에서 담당하고 있다.

이 프로그램의 적용 대상은 2천 5백만 파운드(약 425억 원) 이상의 의료시설사업이며 따라서 ProCure21에서도 이 프로그램이 활용되고 있다. 디자인 리뷰 패널(DRP)은 건축 및 도시 관련 전문가로 구성되며 의료시설의 디자인을 검토하고 그 결과를 NHS 발주자에게 피드백 함으로써 디자인 향상을 위한 평가, 조언 및 가이드 등을 제시하는 역할을 담당한다.

디자인 리뷰 패널(DRP)은 전문가 입장에서 객관적으로 제삼자 검토(peer review)의 기능을 수행하는 것이며 디자인 방향을 결정하거나 디자인 대안을 선정 또는 승인하는 권한을 가지고 있지는 않다.

디자인 리뷰 패널(DRP)은 의료건축디자인센터(CHAD)에서 위촉한 10인 이하로 구성되며 해당 사업과 이익 관계(conflict of interest)에 있는 사람은 이를 자발적으로 선언해야 하

115) 건축 및 도시 환경의 품격 향상을 위해 찰스 황태자의 권고로 1998년 설립된 문화재단이다: www.princes-foundation.org.

고 디자인 리뷰 패널(DRP)에 참여할 수 없다. 디자인 리뷰 회의에는 디자인 리뷰 패널(DRP), NHS 발주자, 의료건축디자인센터(CHAD) 담당자가 참여하며 디자인 리뷰 기간은 사전 준비, 디자인 리뷰 회의, 후속 조치 등의 기간을 합쳐 약 10주를 표준으로 하고 있다.

표 4-10 디자인 리뷰 표준 일정[116)]

구 분	주요 활동
4주 전	CHAD에서 발주자에게 사업 관련 정보 요청
2주 전	CHAD에서 사업 관련 정보 접수
10일 전	CHAD에서 사업 관련 정보를 DRP에게 송부
당 일	디자인 리뷰 회의 개최
1주 후	CHAD에서 평가 보고서 초안을 작성하여 DRP에게 송부
2주 후	CHAD로 검토 의견 송부
3주 후	CHAD에서 평가 보고서 수정본을 작성하여 DRP 및 발주자에 송부
5주 후	CHAD로 검토 의견 송부
6주 후	CHAD에서 평가 보고서 최종본을 발주자에게 송부 및 발주자 후속 조치

디자인 리뷰 패널(DRP) 프로그램은 전문가 집단에 의한 디자인 품질 검증 시스템이며 일류 디자인에 대한 ProCure21의 우선 순위를 엿볼 수 있는 사례이다.

❋ 디자인 챔피언 프로그램

디자인 챔피언(Design Champion)이란 디자인 품질 향상을 위한 전략적 리더를 지칭하며 의료시설사업 해당 기관의 고위급 인사나 사회 저명인사가 위촉되는 것이 일반적이다. 디자인 챔피언 프로그램은 보건부(DOH)에서 시행하는 의료시설 사업에만 적용되는 것은 아니고 영국 정부 차원에서 운영되고 있는 디자인 혁신 프로그램 이다. 따라서 ProCure21에서도 이 프로그램을 활용하고 있다.

이 프로그램의 착수 배경은 영국 정부의 일류 건설(AEC) 프로그램과 밀접한 관계를 지니고 있다. 일류 건설(AEC) 프로그램의 주력 분야 중 하나는 공공 시설물의 디자인 품질 향상

116) NHS Estates, Design Review Panel:
http://195.92.246.148/nhsestates/chad/chad_content/design_review_panel/introduction.asp

이었고 이와 관련된 범정부 차원의 정책이 「공공 건축물 향상: Better Public Buildings」[117]라는 정책보고서로 2000년 10월에 발표되었다. 이 책의 서문에서 토니 블레어 수상은 건설재인식 운동과 유관 혁신 프로그램을 적극 지지하면서 공공 건축물의 품격 향상을 위한 공공 발주자의 적극적인 노력을 촉구하였다.

그림 4-17 공공 건축물 향상 정책 보고서 * 자료: HM Government

디자인 챔피언 프로그램은 영국 정부의 디자인 품질 향상 정책을 실행하기 위한 수단의 하나로 착수되었고 정부 중앙부처 및 산하 공공 기관에서는 기관별로 디자인 챔피언을 위촉하여 이들로 하여금 디자인 품질 향상을 위한 리더의 역할을 담당하도록 하고 있다.

이에 따라 정부 중앙부처 및 산하 공공 기관에서는 해당 기관의 고위급 인사 또는 사회 저명인사를 디자인 챔피언을 위촉하게 되었고 국립의료서비스(NHS)의 경우, 찰스 황태자를 디자인 챔피언으로 위촉하였다. 동일한 맥락에서 NHS 발주자들도 각 기관별로 디자인 챔피언을 위촉하여 해당 의료시설 사업에서 전략적인 디자인 리더의 역할을 담당하도록 하고 있다.

디자인 챔피언의 가장 중요한 역할은 디자인 품질이 해당 기관의 핵심 어젠다로 채택되고 이를 실천하기 위한 다양한 노력이 경주되도록 독려하는 것이다. 디자인 챔피언이 디자인을 직접 수행하는 것은 아니지만 디자인 품질이 해당 기관에서 항상 우선순위로 인식되고 다루어 질 수 있도록 각성시키고 멘토(mentor)의 역할을 담당하는 전략적 리더인 것이다.

국립의료서비스(NHS) 사례를 중심으로 디자인 챔피언의 세부적인 역할을 살펴보면, 다음과 같은 사항이 의료시설사업에서 실천될 수 있도록 독려하고 확인하는 것이다.[118]

- 고품질 디자인의 달성이 가능하게 하는 사업수행절차의 수립
- 환자, 의료시설 종사자, 방문객 등의 관점에서 현(現) 의료시설의 환경 평가
- 일류 디자인 평가시스템(AEDET Evolution)의 활용
- NHS 발주자의 디자인 실행계획서(Design Action Plan) 작성 및 활용
- 최저가격이 아닌 최고가치 기반의 입낙찰

117) Department for Culture, Media and Sports(2000), Better Public Buildings: a proud legacy for the future,
118) NHS Estates and CABE, Desgin Champions:
http://195.92.246.148/nhsestates/chad/chad_content/design_champions/introduction.asp

- 현실적인 사업예산 및 사업기간의 설정
- 디자인 품질 향상을 위한 NHS 발주자의 역량 보유
- 디자인 비전에 입각한 명료한 브리프(brief) 개발
- 지역사회 및 의료시설 종사자의 참여와 지원

디자인 챔피언 프로그램은 결국 범정부 차원에서 디자인 품질을 중요한 핵심 어젠다로 다루겠다는 의지의 표명이며 이를 ProCure21에서도 따르고 있는 것이다.

※ 일류 디자인 사례 및 지식 공유

ProCure21에서는 디자인 베스트프랙티스 및 우수 사례의 발굴과 활용을 일류 디자인 달성을 위한 매우 중요한 실천사항으로 인식하고 있다. 이를 위해 의료건축디자인센터(CHAD)와 공조하여 디자인 베스트프랙티스 및 혁신 사례를 웹(web) 기반으로 보급하여 의료시설사업에 참여하는 다양한 주체들이 이를 공유할 수 있도록 지원하고 있다.

Design Portfolio[119]라는 지식 공유 서비스의 경우, 현재 약 60여개의 우수 사례가 등록되어 있고 각 사례마다 1페이지 정도로 간략한 사업 개요, 디자인 특징 및 해법, 발주기관 연락처 등이 제공되고 있다. 비록 해당 사업에 대한 구체적인 정보를 제공하고 있지는 않지만 성공 사례에 대한 공개적인 인정(recognition)을 통해 일류 디자인 달성을 위한 자극을 제공하고 관련 정보를 공유하고 있다는 측면에서 긍정적으로 평가될 수 있다.

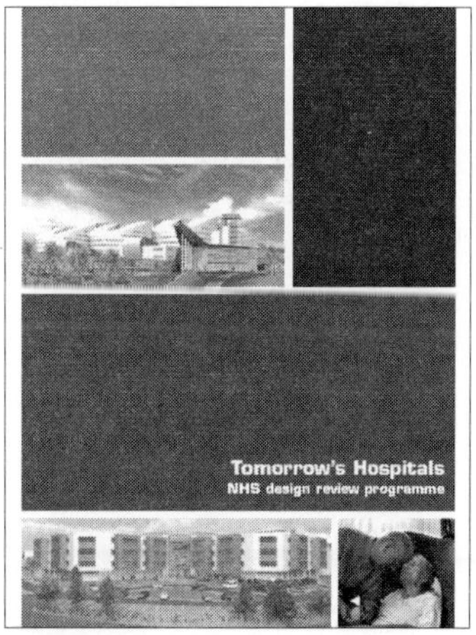

그림 4-18 디자인 보고서 사례

* 자료: DOH

또한 의료건축디자인센터(CHAD)에서는 디자인 베스트프랙티스 관련 보고서, 지침서, 기준 등을 발간하고 관련 컨퍼런스 등을 개최함으로써 일류 디자인 달성을 위한 지식 기반 구축 사업을 전개하고 있다. ProCure21에서도 의료건축디자인센터(CHAD)와의 공조를 통해 디자인 지식 개발에 참여하고 이를 활용함으로써 일류 디자인 달성을 위한 노력을 경주하고 있다.

119) http://195.92.246.148/nhsestates/chad/chad_content/design_portfolio/introduction.asp
120) Department of Health and NHS Estates(2004), Tomorrow's Hospital: NHS design review programme.

대표적인 예로서 2004년 10월 발간된 「미래의 병원: Tomorrow's Hospital」[120]과 같은 성공 사례 보고서를 들 수 있다. 이 보고서에서는 그간 진행된 디자인 리뷰 프로그램의 성과를 돌아보고 향후 발전 방향을 제시하는 동시에 디자인 성공 사례를 제시하고 있다. 이러한 노력을 통해 디자인 베스트프랙티스 및 혁신 사례의 정보를 공유하고 일류 디자인 달성을 위한 지속적인 공감대와 동력을 확보하고자 하고 있다.

※ 파트너링을 통한 디자인 품질 향상

ProCure21에서 파트너링을 적극적으로 활용하는 주된 이유 중 하나는 이를 통해 일류 디자인의 달성이 가능하다고 확신하고 있기 때문이다. 즉, 파트너링이 일류 디자인 달성을 위한 하나의 실천 전략이 되고 있는 것이다.

파트너링은 NHS 발주자와 주공급연쇄파트너(PSCP) 및 하부 공급연쇄가 사업초기 단계에서부터 통합팀을 구성하여 의료시설사업을 진행하는 기회를 제공한다. 이를 통해 디자인 단계에서 이들 간의 협력적인 노력을 통해 디자인 품질 향상이 가능해지며 궁극적으로는 실행 가능하고 경제적인 디자인의 개발이 가능해진다.

또한 실제로 시공을 담당하는 주체가 함께 디자인 단계에서부터 참여함으로써 향후 발생할 수 있는 시공성 문제, 설계변경 문제, 클레임 가능성 등을 미연에 방지할 수 있다. 따라서 파트너링은 단순히 사업수행 방식이나 체계로서 뿐만 아니라 일류 디자인 달성을 위한 해법도 되는 것이다.

※ 일류 디자인 전략의 교훈과 시사점

1 일류 디자인이 투자가치 달성의 핵심 어젠다이다.

ProCure21의 일류 디자인 전략을 분석하는 과정에서 나타난 가장 두드러진 특징은 일류 디자인이 ProCure21에 국한된 어젠다가 아니라는 것이었다. 범정부 차원에서 디자인 품질을 매우 중요한 주제로 인식하고 있고 정책적 드라이브를 걸고 있다는 것은 매우 주목할 만하다. 이는 디자인의 가치에 대한 영국 정부의 인식을 엿볼 수 있는 단면이기도 하다.

국민의 삶의 질과 쾌적한 도시 · 건축 환경은 일류 디자인으로부터 시작된다는 인식을 표출한 것이며 이를 범정부 차원에서 추진하고 있다는 것이 주목할 만하다. 또한 일류 디자인이 투자가치 달성을 위한 전제조건으로 인식하고 있는 것도 주목해야 한다.

디자인 챔피언과 같은 전략적 디자인 리더를 활용하거나 디자인 리뷰 패널(DRP)과 같은 제삼자 리뷰(peer review) 시스템 등의 운영은 일류 디자인을 투자가치 달성을 위한 핵심 어젠다로 다루고 있음을 실증적으로 보여주는 대표적인 사례이다.

2 평가되지 않는 디자인은 향상될 수 없다.

디자인 품질이 과연 측정이나 평가의 대상이 될 수 있는가에 대한 문제 제기도 예상해 볼 수 있다. '측정되지 않는 것은 평가될 수 없고 평가되지 않는 것은 개선 될 수 없다' 라는 명제를 되새겨 볼 필요가 있다. 측정과 평가를 통한 개선은 다양한 분야에서 이미 하나의 표준(norm)으로 자리 잡고 있다.

국가경쟁력 지수, 국민 행복도 지수, 소비자 만족도 지수 등 무형적인 것을 측정하려는 다양한 시도는 측정과 평가가 개선의 출발점이라는 것을 잘 대변해주고 있다. 디자인 품질의 경우도 예외 일 수 없다.

디자인 품질을 평가하는 것은 쉬운 일이 아니다. 그러나 일류 디자인 평가시스템(AEDET Evolution)은 이를 가능하게 만들고 있다. 목표는 단순하다. 디자인 품질 평가를 통해 일류 디자인을 달성하는 것이다. 디자인 품질 향상은 선언적인 구호만으로 달성되지 않는다. 이를 뒷받침 할 수 있는 실무 도구가 전제되어야 한다. ProCure21에서는 일류 디자인 평가시스템(AEDET Evolution)의 구축과 활용을 통해 일류 디자인 달성에 노력하고 있는 것이다.

3 디자인 베스트프랙티스는 공유되어야 한다.

ProCure21에서는 의료건축디자인센터(CHAD)와 공조하여 디자인 베스트프랙티스를 발굴하고 보급하고 있다. 우수 디자인 사례를 발굴하여 이를 공유하고자 하는 노력도 기울이고 있다. 성공 사례는 후발 주자에게 좋은 자극과 용기를 제공한다. 디자인의 경우도 예외 일 수는 없다. ProCure21과 의료건축디자인센터(CHAD)에서 디자인 베스트프랙티스 지식을 발굴하고 공유하는 노력을 기울이는 이유인 것이다.

06 벤치마킹 전략

공공 건설사업의 성과측정은 레이썸 보고서 이후 지속적으로 제기되어온 조달혁신 핵심 주제 중 하나이다. 정부상무청(OGC)의 일류 건설(AEC) 프로그램이나 공공 조달의 핵심 준수 기준(CMS)에서도 이를 공공 발주자의 중요한 실천사항으로 요구하고 있다.

이에 부응하여 ProCure21에서도 의료시설사업의 성과를 측정하기 위한 벤치마킹 도구를 개발하게 된다. 현재 아래와 같은 다양한 벤치마킹 도구(benchmarking toolkits)가 개발되어 사용되고 있는 것으로 알려지고 있다.

- 디자인 품질(Quality of Design): 일류 디자인 평가시스템(AEDET Evolution)을 활용한 평가.
- 환경 평가(Environmental Issues): NEAT(NHS Environmental Assessment Tool)을 통한 평가.
- 생애주기비용(Whole-life Costs): 코스트 모델에 의해 산출된 현가(現價)를 기점으로 의료시설의 생애주기 비용 평가.
- 서비스 만족도(Service Satisfaction): 완성된 의료시설에 대한 NHS 발주자의 만족도 평가
- 사업평가; 문화적 측면(In-project toolkit: cultural): 프로젝트 팀의 업무 환경 및 협력 문화 등 소프트한 측면에 대한 평가.

• 사업평가; 정량적 측면(In-project toolkit: numerical): 공사비와 공기 성과에 대한 정량적 평가.
• 일류 발주자 평가(Best Client): 발주자 퍼포먼스에 대한 사업자의 평가
• 의료시설 표준사업비 모니터링(Monitoring DCAG[121]): 의료시설 표준사업비와 대비하여 향상 여부 평가.
• 리스크 매니지먼트(Risk Management): 리스크 매니지먼트 조치에 대한 적정성과 효과성에 대한 평가.
• 하자 관리(Defects Management): NHS 발수자에게 의료시설물이 인노되는 시점에서의 하자 수준에 대한 평가.
• 대가 지급(Payment): 공급연쇄 구성원들에게 지급되는 대가 지급의 신속성에 대한 평가.

ProCure21에서 다양한 벤치마킹 도구가 개발한 이후, 이를 효과적으로 사용할 수 있도록 초기에는 CD를 개발하여 보급하였으며 최근에는 웹기반으로 전환하였다.

현재 웹기반으로 구축된 벤치마킹 도구로의 접근은 내부 유저(user)에게만 허용되어 있기 때문에 이미 살펴본 일류 디자인 평가시스템(AEDET Evolution)을 제외하고는 세부사항을 파악할 수는 없는 것이 이 책을 집필하는 과정 중에 아쉬움으로 남는다.

비록 세부사항을 파악할 수는 없지만 의료시설사업의 성과측정을 단순히 공사비나 공기 성과의 향상뿐만 아니라 매우 광범위하고 다양한 측면에서 실시함으로서 의료시설사업의 총제적인 성과 향상을 도모하고 있다는 것은 매우 높이 평가할 만하다.

특히 NHS 발주자에 의한 서비스 만족도 평가, 문화적 측면에서의 사업평가, 사업자에 의한 발주자 평가, 대가 지급의 신속성 등을 평가하고 있다는 것은 이 벤치마킹 도구들이 매우 혁신적인 주제들을 다루고 있다는 것을 가늠할 수 있다.

121) Departmental Cost Allowance Guide: NHS에서 관리하고 있는 의료시설의 표준사업비 가이드.

07 ProCure21은 성공하고 있는가?

※ 성과를 바라보는 시각

ProCure21의 배경과 전략, 추진상황 등을 살펴본 후 그 다음 관심사는 자연스럽게 이 조달혁신 프로그램이 주목할 만한 성과를 거두었는가 하는 것이다.

ProCure21의 성과를 이해하는데 있어서 한 가지 경계하여야 할 것이 있다. 성량적인 성과에만 주목하는 것이다. ProCure21의 정량적인 성과에 대한 평가가 어렵기 때문이 아니다. ProCure21이 거둔 정성적인 성과도 간과해서는 안되기 때문이다.

예를 들면, ProCure21을 통해 나타났던 영국 정부, NHS 발주자, 건설산업계의 인식 변화, 혁신에 대한 자신감과 용기, 실패비용(failure costs)의 제거, 의료시설사업의 성공에 대한 NHS 발주자의 확신 증대 등 무형(無形)의 성과는 단순히 공사비가 얼마나 절감되고 공기나 얼마나 단축되었는가의 유형(有形)의 성과보다 더 큰 의미를 지닌다. 이런 무형(無形)의 혁신 성과가 지속적인 혁신을 위한 동력이 되기 때문이다.

ProCure21이 거둔 유무형(有無形)의 성과를 다양한 측면에서 한번 살펴보자.

✻ ProCure21에 대한 다양한 주체의 평가

영국 건설산업 혁신의 아이콘(icon)이라고 할 수 있는 레이썸과 이간의 평가를 예로 들 수 있다. 레이썸은 1994년 레이썸 보고서를 통해 공공 조달혁신의 출발점을 마련한 인물이며 이간은 1998년 이간 보고서를 통해 대대적인 영국 건설산업의 혁신운동을 촉발시킨 인물이다.

이들 모두 ProCure21의 내용이나 성과에 대해 다양한 언론 매체를 통해 극찬을 아끼지 않고 있다. 이미 인용한 바와 같이 건설재인식(Rethinking Construction) 운동의 주창자인 이간은 ProCure21을 「세계 일류 수준의 조달 프로그램」이라는 평가하고 있다.

2004년 당시 건설재인식(Rethinking Construction) 운동의 최고책임자(chairman)였던 알란 크레인(Alan Crane)은 "ProCure21은 건설재인식 운동에서 주창하고 있는 모든 원칙을 구현하고 있으며 공공 조달의 귀감(龜鑑)이 되고 있다"라고 평가하고 있다.

발주자의 평가도 빼 놓을 수 없다. ProCure21을 직접 경험하고 이를 통한 혁신적인 조달의 수혜자인 동시에 고객(발주자)이기 때문이다. 가이스 앤 성 토마스 의료재단(Guy's and St. Thomas' Hospital NHS Trust)의 최고경영자(CEO)인 조나산 마이클(Jonathan Michael)은 ProCure21을 다음과 같이 평가하고 있다.

"최고경영자로서 나는 (우리가 시행하는) 의료시설사업에서 확실성을 필요로 한다. 사업비에 대한 확실성과 사업기간에 대한 확실성을 필요로 한다. ProCure21은 이 두 가지 모두를 제공하고 있다"

또 다른 NHS 발주자의 평가를 인용해 보자.

성 헬렌 앤 노우슬리 의료재단(St. Helens & Knowsley NHS Trust)의 최고경영자(CEO)인 마비스 웨어햄(Mavis Whareham)은

"내 경험에 비추어 나는 모든 이들에게 ProCure21을 권하고 싶다"라고 평가를 내리고 있다.

위에 인용된 것 이외에도 ProCure21에 의해 의료시설사업을 시행하고 그 '열매'를 즐긴 발주자들이 ProCure21을 극찬하거나 다른 발주자들에게 권고하는 코멘트는 여기저기에서 쉽게 찾아 볼 수 있다.

사업기간 단축, 사업비 절감, 품질 향상 등도 매우 중요한 혁신의 열매이다. 그러나 그보다 더 중요한 열매가 있다. 바로 만족한 건설고객(발주자)이라는 것이다. 이 보다 더 확실한 혁신의 열매가 있겠는가?

영국 건설산업의 혁신 리더들과 ProCure21을 통해 직접 의료시설사업을 시행한 경험이 있는 건설고객(발주자)의 평가는 매우 중요한 의미를 지니고 있다. 특히 NHS 발주자의 평가는 ProCure21이 고객의 투자가치(VFM) 달성을 가능하게 하였다는 증거가 되는 것이다.

2005년 ProCure21이 「가장 존경받는 공공 발주자: Most Admired Public Sector Client」로 선정되었다는 것도 이 혁신 프로그램의 성과를 시사하는 한 단면이다.

※ 감사원 평가

역시 감사원(NAO)의 평가를 빼 놓을 수 없다. 공공 발주자들에게 가장 '신경 쓰이는' 기관이고 공공 발주자를 견제하는 기관이니만큼 가장 객관적인 평가라고 해도 좋을 것 같다. 이미 소개한 2001년 감사원(NAO)의 「건설 현대화」보고서에서는 ProCure21을 「베스트프랙티스의 전형적인 모델(model of best practice)」이라고 평가하고 있다.

또한 2005년 감사원(NAO)의 「보다 나은 건설을 통한 공공 서비스 개선」 보고서에서도 ProCure21을 가장 성공적인 조달혁신 사례로 극찬하고 있다.

2001년과 2005년에 이루어진 감사원(NAO) 평가에는 다소 차이가 있다.

2001년도 평가의 경우, 이 시기는 ProCure21이 본격적으로 가동되기 이전, 즉, 시범 사업(pilot program)이 시행되고 있던 시기였고 따라서 감사원(NAO)의 평가는 ProCure21의 결과적인 성과보다는 ProCure21의 전략과 내용에 관한 평가라고 할 수 있다.

일단 ProCure21이 혁신적인 전략이고 프로그램이라고 감사원(NAO)에서 인정한 것이다. 계속해서 주목하겠다는 의지도 밝히고 있다.

2005년도에 감사원(NAO) 평가가 이루어진 시기는 사정이 다르다. ProCure21이 본격적으로 가동된 시기가 2003년 9월부터였기 때문에 비록 종료된 사업이 많지는 않지만 어느 정도 결과적인 성과에 대한 평가가 감사원(NAO)에 의해 가능한 시기였다. 따라서 감사원(NAO)에서 ProCure21을 가장 성공적인 조달혁신 사례로 손꼽았을 때에는 그만한 이유가 있었을 것이다.

「보다 나은 건설을 통한 공공 서비스 개선」 보고서에서는 ProCure21의 주요 성과를 다음과 같이 보고하고 있고 감사원(NAO)이 ProCure21을 긍정적으로 평가한 이유라고 할 수 있다.

표 4-11 ProCure21 성과

성과 항목	ProCure21 이전	ProCure 21 성과
사업기간	• 28%의 사업만이 사업기간 준수 • 사업기간이 평균적으로 8% 초과	• 평가 대상이 되었던 8개 사업 중 5개 사업이 사업기간 내 준공 • 사업기간을 초과한 3개 사업의 경우, 발주자와의 협의를 통해 사업기간이 재조정된 것이며 추가 비용은 없었음.
사업비	• 26%의 사업만이 사업비 준수 • 사업비가 평균적으로 7% 초과	• 평가 대상이 되었던 8개 사업 모두 사업비 준수 또는 절감
조달 프로세스 효율화를 통한 성과	-	• ProCure21을 통한 조달 프로세스의 효율화(streamlining)를 통해 3%의 사업비 절감
공기 단축	-	• 공기 단축을 통해 1%~4% 수준의 사업비 절감 • 11백만 파운드(187억 원) 이상 규모 사업의 경우, 사업기간이 32개월에서 19개월로 단축됨에 따라 3.5% 사업비 절감
클레임	-	• 클레임 감소로 인한 3% 수준의 사업비 절감

위의 성과들을 살펴보면 ProCure21이 포장만 거창한 조달혁신 프로그램이 아니었다는 것이 증명된 셈이다. 사업비나 사업기간 측면에서 이전에 비해 매우 향상된 결과를 보이고 있으며 ProCure21에 의해 의료시설사업을 조달한 NHS 발주자나 감사원(NAO)으로부터 극찬을 받은 것은 다 그만한 이유가 있는 것이었다.

보다 최근에 발표된 다른 자료를 인용하면[122], 2005년 3월을 기점으로 18개 의료시설사업이 ProCure21에 의해 시행 완료되었는데 이들 사업들 모두 사업기간 및 사업비 준수가 이루어졌으며 디자인 품질 및 시공 품질이 매우 우수한 것으로 나타나고 있다.

122) NHS ProCure21: The Success Keeps on Building, www.hefma.org.uk

ProCure21의 혁신 전략이 작동하고 있으며 투자가치(VFM) 달성이 이루어지고 있다는 증거이다.

✲ 공사기간 및 공사비 절감

ProCure21의 성과를 공사기간 측면에서 비교해보면 사업 규모(금액)에 따라 공사기간이 단축된 정도에는 다소 차이가 있지만 약 28.1%~43.0%로 평균 약 35.4%의 단축이 나타나고 있다.[123]

가장 전형적인 의료시설인 진료센터(DTC, Diagnostic and Treatment Center)를 기준으로 ProCure21 이전의 진료센터(DTC) 사업에 투입되는 평균 공사비는 연면적당(m2) 당 약 1,200 파운드~2,800 파운드[124] 정도의 수준이었다. ProCure21의 경우, 평균 공사비는 약 1,450 파운드~1,700 파운드[125] 정도의 수준이다.

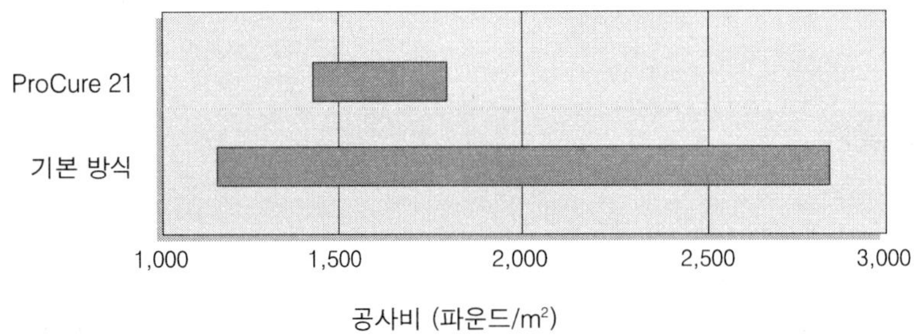

그림 4-19 기존 방식과 ProCure21 평균 공사비 비교 * 자료: NHS Estates

이를 중간 값으로 비교하면 ProCure21 이전 약 2,000 파운드/m2, ProCure21의 경우 약 1,575 파운드/m2로 약 21.3%의 공사비 절감이 이루어진 것이다. 주목해야 할 것은 단순히 절감율만이 아니다.

발주자 입장에서는 공사비의 확실성(cost certainty)도 매우 중요한 이슈이다.

123) Using P21 for capital projects, North Bristol NHS Trust, 2006.
124) 평당 약 6,732,000원 ~ 약 15,708,000원 정도이다.
125) 평당 약 8,134,500원 ~ 약 9,537,000원 정도이다.

ProCure21은 이 측면에서 소요 공사비의 범위(range)도 기존 방식에 비해 현격하게 줄임으로써 발주자의 의료시설 예산계획의 정확도를 높이게 해주었다는 것도 매우 중요한 성과라고 할 수 있다.

※ ProCure21 성과의 공로자

위에 제시된 ProCure21의 성과를 살펴보면 수혜자는 역시 건설고객 즉 NHS 발주자였다는 것을 알 수 있다. 의료시설사업의 생산성과 효율성이 향상되었고 그 결과로 투자가치 달성을 이룰 수 있었기 때문이다.

성과의 공로자는 주공급연쇄파트너(PSCP)와 하부 협력사 즉, 건설산업계이다. ProCure21이 주목할 만한 성과도 결국 이들 손에서 이루어진 것이기 때문이다.

ProCure21이 성과를 내는 과정에서 주공급연쇄파트너(PSCP)와 하부 협력사는 '피해'를 본 것이 아니냐는 의문도 제기될 수 있다. 건설산업계를 쥐어짜서 이루어낸 발주자만이 승리는 아닌가 하는 것이다. ProCure21의 본질에 대해 다시 이해할 필요가 있다.

ProCure21은 발주자가 건설산업계를 일방적으로 몰아붙여 공공사업의 성과를 향상시키겠다는 것이 아니다. 팀(team)으로 리스크를 공유하고 함께 지혜와 역량을 모아 발주자와 건설산업계가 상생(win-win)하자는 것이 기본 축이다.

ProCure21 홈페이지나 다양한 관련 자료와 언론 보도 등을 살펴보면 ProCure21은 이들 모두에게 상생의 결과를 가져온 것이라고 인정하고 있다.

주공급연쇄파트너(PSCP)와 하부 협력사의 공로도 인정받아야 하지만 진정한 공로자는 NHS 발주자이다. 물론 ProCure21 Team의 공도 크지만 결국 NHS 발주자의 의지와 용기가 있었기 때문에 가능한 성과였다. 일류 발주자가 일류 조달시스템을 가동시켰기 때문에 가능한 성과이었기 때문이다.

주공급연쇄파트너(PSCP)와 하부 협력사가 주목할 만한 성과를 낸 것도 혁신적으로 일 할 수 있는 기회와 자리를 NHS 발주자가 제공하였기 때문이다.

일류 발주자, 일류 조달시스템을 통한 공공 조달혁신이 왜 필요한지 다시 한 번 되짚어보자. 정부와 공공 발주자가 예산을 절감하고 투자가치를 달성할 수 있기 때문이다. 국민의 혈세(血稅)를 선량하게 관리해야할 정부와 공공 발주자에게 이보다 더 중요한 일이 있겠는가?

또한 건설산업계의 혁신 동기를 유발 시켜 효율성, 생산성과 경쟁력을 향상 시킬 수 있기 때문이다. 혁신적인 방법으로 일하고 지속적으로 성과를 향상시키면 계속 같이 일할 기회를 주겠다고 전주(錢主)이자 시장의 리더인 건설고객이 제안하는데, 이를 거부할 기업이 있겠는가?

건설산업의 혁신은 '겁주기' 와 처벌로 건설산업계의 팔을 비튼다고 이루어지는 것이 절대로 아니다. 건설산업계가 혁신을 해야만 하는 이유와 동기 그리고 자리를 발주자가 펴주어야만 혁신되는 것이다. 일류 발주자, 일류 조달시스템이 바로 혁신 동기를 제공하는 것이고 이것을 제공하는 것이 정부와 공공 발주자의 리더십이다. 일류 고객이 일류 산업을 만드는 비결이다.

08 고속도로공사의 조달혁신

※ 개요

교통부(Department for Transport) 산하 기관인 고속도로공사(HA, Highways Agency)는 고속도로(motor ways)와 국도(trunk roads)의 건설, 운영 및 유지관리를 담당하고 있는 기관이다. 국립의료서비스(NHS)의 ProCure21과 함께 고속도로공사(HA)의 조달혁신도 상당히 주목받고 있는 사례로 알려지고 있다.

그러나 ProCure21의 경우, 관련 자료들이 인터넷을 통해 풍성하게 제공되고 있는 반면 영국 고속도로공사(HA)의 조달혁신 관련 정보는 접하기가 쉽지 않다. 따라서 ProCure21만큼 심층적으로 분석하기 쉽지 않았다.

대안으로 대표적인 '조각 자료' 들을 모아 고속도로공사(HA)의 조달혁신 전략과 성과를 살짝 엿보는 정도로 만족해야 할 것 같다.

※ 조달혁신 10대 원칙과 전략

레이썸 보고서 이후 조달혁신 전략을 고속도로공사(HA)가 개발한 시기는 1997년으로 알려지고 있다. 그러나 1998년 건설재인식 운동과 1999년 정부상무청(OGC)의 일류 건설

(AEC) 프로그램이 착수되면서 이에 부응하기 위해 보다 업그레이드된 조달혁신 전략이 2001년에 마련된다.

「최고가치 해법과 서비스의 제공; Delivering best value solutions and services」[126] 라고 명명된 조달전략 보고서를 통해 고속도로공사(HA)는 10대 조달혁신 원칙과 전략을 발표한다. 그 주요 내용을 한번 요약 정리해보자.

1 프로젝트 팀의 조기(早期) 구성: Early creation of the delivery team

전통적인 조달방식에서는 건설업체가 설계단계에 참여하지 않는 것이 일반적이다. 1990년대 중반부터 고속도로공사(HA)에서는 일부 사업에서 디자인빌드 방식을 채택하였지만 이 경우도 설계가 이미 많은 부분 진행된 후에 건설업체가 참여하는 형태이었기 때문에 보다 혁신적인 건설이나 시공성 측면을 설계에 반영하기가 용이하지 않았다.

건설업체를 초기 설계단계에서부터 참여시키는 것은 혁신적 건설과 시공성 향상, 효과적인 리스크 관리, 공기 단축, 설계 변경 최소화 등 다양한 측면에서 매우 긍정적인 효과가 있다.

따라서 건설업체를 포함한 프로젝트 팀을 조기(早期)에 구성하여 사업을 시행하는 것이 성과 향상이나 가치 창출을 위해 긍정적인 방법이기 때문에 이를 활용해야 한다.

2 인센티브 기반의 통합적인 공급연쇄 활용: Integrated and incentivised supply chain

전통적인 조달방식에서는 건설업체가 선정된 이후 하부 공급연쇄(협력사)가 구성되는 것이 일반적인 접근방식이었다. 이 경우, 하부 공급연쇄를 선정하는데 있어 최저가가 우선시 되어 품질, 수행능력, 공급연쇄의 연속성 등의 측면에서 많은 문제점이 야기되었다.

근래에는 하부 공급연쇄 기업들 중에서도 특화된 기술과 지식을 보유하고 있어 효율적인 건설생산에 일조(一助)할 수 있는 기업들이 많아졌다. 따라서 이들이 보유하고 있는 역량을 최대한 활용하기 위해서는 통합적인 공급연쇄를 구성하여 사업을 수행하는 것이 바람직하고 이들이 혁신적인 아이디어를 제공할 수 있도록 적절한 인센티브를 제공하는 것이 중요하다.

3 경쟁적이고 지속가능한 공급연쇄 유지: Maintaining a competitive and sustainable supply chain

우수하고 효율적인 공급연쇄를 구성하여 이들과 지속적인 관계를 유지하는 것은 고속도

126) Highways Agency(2001) Delivering best value solutions and services

로공사(HA)에게 매우 중요한 현안이다. 이를 위해서는 장기적인 사업계획을 기반으로 공급연쇄와 장기협력 관계(long-term relationships)를 유지하는 것이 필수적이다. 공급연쇄는 혁신 의지와 역량을 가지고 지속적인 개선이 이루어지는 것을 보여 주어야 한다. 고속도로공사(HA)는 일류 발주자로 인정받기 위한 노력을 지속할 것이며 공급연쇄에게 높은 수준의 품질과 퍼포먼스를 요구할 것이며 동시에 공정한 보상이 따르도록 할 것이다.

④ 불필요한 중복 감시 체계를 제거한 명확한 역할과 책임의 정의: Clear points of responsibility with no unnecessary layers of supervision

전통적인 사업수행 방식에서 설계자와 시공자는 계약의 범위 내에서 자신에게 주어진 역할만을 소극적으로 수행하는 것이 일반적이었다. 또한 감리자(engineer)는 시공자가 설계도서에 준하여 시공을 수행하는지를 감시하였다. 파트너십 관계를 통한 협력적인 사업 수행은 사업 참여주체의 자원(resources)을 보다 효과적으로 활용할 수 있고 불필요한 감시 체계를 제거할 수 있다.

⑤ 전자 조달 및 사업관리: E-procurement

고속도로공사(HA)는 보다 효과적인 입찰업무, 상호간의 커뮤니케이션 증대, 보다 향상된 재정 관리 및 보고, 성과 측정 및 보고를 위해 전자 조달 및 사업관리 시스템을 개발하고 활용할 것이다.

⑥ 최고가치 기반의 공급자 선정: Selection of suppliers on the basis of best value

고속도로공사(HA)는 최저가 낙찰방식을 폐기하였다. 공급자 선정의 기본 관점은 어느 기업이 가장 싼 가격을 제시하느냐가 아니라 어느 기업(또는 공급연쇄)이 최고가치를 달성할 수 있는 역량을 보유하고 있는가 하는 것이다. 고속도로공사(HA)에서는 최고가치 기반의 공급자 선정을 위한 절차를 개발하고 이를 활용할 것이다.

⑦ 리스크의 공정한 분배: Fair allocation of risks

과거 고속도로공사(HA)에서는 대부분의 사업 리스크를 시공자에게 전가함으로써 최종 사업비의 확실성(certainty of out-turn prices)을 확보하고자 하는 접근방식을 사용하고는 하였다. 비록 이러한 접근방식이 사업비나 사업기간의 확실성을 향상시키는 데는 일조(一助)하였지만 최고가치를 달성하게 하는 것은 아니었다.

최고가치를 달성하는 가장 효과적인 방법은 사업초기 단계에서부터 리스크에 대한 발굴과 평가를 실시하고 리스크 항목에 따라 해당 리스크를 가장 잘 관리할 수 있는 주체가 리스크 관리하도록 하는 것이다. 이때 리스크를 시공업체에게 넘기고자 할 때에는 이에 합당한 리스크 비용이나 인센티브를 지불할 것이다.

8 고품질의 설계: High quality design

고속도로공사(HA)는 생애주기 투자가치를 달성할 수 있는 우수한 디자인 해법을 찾기 위해 노력할 것이다. 투자가치를 향상시키거나 생애주기 비용을 절감할 수 있는 혁신적인 아이디어에 대해서는 인센티브를 지급할 것이다. 프로젝트 각 단계는 정부상무청(OGC)의 Gateway 프로세스에 준해서 시행될 것이며 고품질 설계를 달성하기 위해 최선의 노력을 경주할 것이다.

9 장기협력관계에 기반을 둔 파트너십: Partnership approach based on long-term relationships

고속도로공사(HA)에서는 그간 개별사업 베이스로 파트너링 접근방식을 활용해 왔으며 만족할 만한 성과를 거두어 왔다. 이제는 개별사업 베이스가 아닌 장기적인 협력관계를 바탕으로 하는 파트너링 방식을 확대 적용하고자 한다. 지속적으로 우수한 성과를 내는 기업(공급연쇄)을 반복적으로 활용할 것이며 이를 통해 건설사업의 효율성을 극대화 할 것이다.

10 지속적인 개선 목표를 기반으로 하는 성과측정: Performance measurement with continual improvement targets

성과측정은 최고가치 달성을 위해 필수적인 점검 과정이다. 이미 다른 기관들에 의해서 개발된 다양한 성과측정 시스템을 참조하여 고속도로공사(HA)에 적합한 성과측정 시스템을 개발하여 이를 활용함으로써 지속적인 개선을 도모할 것이다.

고속도로공사(HA)가 채택하고 있는 조달혁신 원칙과 전략의 핵심은 지속적으로 성과를 향상시킬 수 있는 일류 공급연쇄와 장기적이고 반복적인 협력관계 기반의 통합 프로젝트 팀을 구축하고 지속적인 혁신 동기를 부여함과 동시에 이에 걸맞은 대가와 인센티브를 제시함으로서 도로사업의 투자가치를 달성하겠다는 것이다.

고속도로공사(HA)의 조달 원칙과 전략이 혁신적이지만 신선하지는 않다는 느낌을 받을 수도 있을 것 같다. 이미 앞에서 살펴본 다양한 혁신 보고서나 조달 가이드에서 이미 지겹도록 반복적으로 나타나고 있는 혁신 원칙과 전략이 반복되고 있기 때문이다.

또한 ProCure21과 매우 닮은꼴이라는 생각도 들었을 것 같다. 기본적으로 영국 정부가 제시한 조달혁신 정책과 전략 속에서 운영되는 것이기 때문이다.

혁신의 키워드들이 지겨울 정도로 반복된다는 것은 다행스러운 일이다. 공공사업의 효율성과 생산성 향상을 향상시키고 투자가치를 달성하며 건설산업계를 혁신시킬 수 있는 검증된 해법의 풀(pool)이 정리 될 수 있기 때문이다.

만일 혁신의 전략과 해법이 종잡을 수 없을 정도로 너무 다양하고 산만하다면 막막한 일일 것이다. 그러나 '선택과 집중'을 할 수 있는 검증된 혁신의 전략과 해법이 있다면 그것은 다행한 일이 아니겠는가? 혁신을 위해 무엇을 실천해야 할지 명확하게 알 수 있기 때문이다.

※ 조달혁신의 성과

고속도로공사(HA)의 조달혁신 성과를 가늠할 수 있는 가장 객관적인 최근 자료는 앞에서 인용한 적이 있는 2005년도 감사원(NAO)의 「보다 나은 건설을 통한 공공 서비스 개선」보고서이다.

이 보고서에 따르면 2001년~2004년 기간 동안에 고속도로공사(HA)가 달성한 투자가치 향상을 통한 절감액(value for money savings)은 약 1,239억 원 정도로 알려지고 있다. 또한 클레임 발생 금액도 현저하게 줄어든 것으로 보고되고 있다. 사업기간이나 사업비의 경우, 현재 대부분이 진행 중인 사업이기 때문에 결과적인 성과 수치는 보고되고 있지 않지만 현재 비교적 계획된 사업기간이나 사업비에 맞추어 현재 진행되고 있는 것으로 보고되고 있다. 향후 지속적으로 그 진행 과정과 성과를 눈여겨 볼 필요가 있다.

09 공공사업의 투자가치 달성 가능한 것이다, 그러나 공짜는 아니다

ProCure21 사례를 통해 조달혁신이 공공사업의 효율성과 생산성을 향상시키고 궁극적으로 발주자의 투자가치 달성을 가능하게 한다는 것이 제시되었다. 사업기간 단축과 사업비 절감 등의 단편적인 성과뿐만 아니라 만족한 건설고객이 있다는 것이 최대의 성과라고 할 수 있다.

이런 성과들은 따지고 보면 건설산업계 즉, 주공급연쇄파트너(PSCP)와 하부 협력사들의 공(功)이다. 이들이 의료시설사업을 효율적 · 성공적으로 수행하였기 때문에 이런 성과가 가능하였기 때문이다. 그럼 이런 성공의 장(場)은 누가 마련해 준 것인가?

바로 ProCure21 Team을 포함한 NHS 발주자들이다. 일류 발주자와 일류 조달시스템이 건설산업계를 일류로 행동하게 하였고 일류 성과를 가능하게 한 것이다. 만일 기존의 잘못된 조달 방식과 관행을 답습하였다면 이러한 성과가 가능하였을까? 기존 조달 방식과 관행을 타파하고 혁신적으로 일하고자 노력하는 것이 ProCure21이다.

ProCure21은 혁신적인 조달이 발주자의 투자가치 달성을 가능하게 한다는 것을 증명해 보였다. ProCure21에는 어떤 특별한 비결이 있었을까? 4장 전체의 내용이 ProCure21의 성공 원리를 담고 있지만 요약 정리하는 의미에서 다시 한 번 간결하게 되짚어 보자.

세련된 표현으로 설명하는 것 보다는 다소 투박하게 표현하는 것이 성공의 원리를 쉽게 기억하는 방법일 것 같다.

1 혁신을 위한 동기가 있었다.

내부적인 필요성이든 외부적인 압력이든 혁신을 위한 강한 동기를 가지고 있었다. 바로 혁신 마인드가 전제되었던 것이다.

2 혁신을 위한 문제의식이 있었다.

기존 의료시설사업의 성과 부실을 직시하고 인정하였으며 이를 자성(自省)의 기회로 삼았다. '아픈 것' 을 인정해야 '치료법' 도 찾기 마련이다.

3 홀로 일하지 않았다.

기존의 갑 · 을이라는 발주자와 서비스 공급자간의 관계를 폐기하고 통합 프로젝트 팀(integrated project team)이라는 새로운 형태의 '발주자 조직' 을 구성하고 가동시켰다. 발주자가 똑똑해지는 방법 중 하나인 것이다.

4 일찍 도움을 받았다.

건설사업의 성공과 실패의 '씨앗' 은 사업초기단계에 뿌려진다. 해당 건설사업에 대한 지식과 경험 그리고 리스크에 대한 올바른 이해가 없는 '아마추어' 발주자가 함부로 씨앗을 고르거나 뿌리는 것은 매우 위험하다. 파트너링을 통해 서비스 공급자를 사업 초기단계에서부터 선정하고 이들과 함께 '전문적으로' 씨앗을 고르고 뿌린 것이 풍작(豊作)을 가능하게 했다.

5 '경제성' 의 의미가 무엇인지 깨달았다.

최저가가 싼 것이라는 '싸구려 경제성의 유령' 으로부터 해방된 것이다. 진짜 싼 것은 생애주기 투자가치(Life Cycle Value for Money)를 달성하는 것이라는 것을 이해한 것이다. 주공급연쇄파트너(PSCP)를 선정하는 과정에서의 초점은 누가 제일 싼 업체인지가 아니라 누가 가장 잘 발주자의 투자가치를 달성시켜 줄 수 있는가 하는 것이었다.

6 '자격' 있는 사람이 책임자가 되었다.

발주자측 사업관리 책임자(project director)는 해당 사업의 리더의 역할을 담당하는 사람이다. 단지 발주자측 인원이라는 이유만으로 그 자리를 담당하게 하지 않았다. 인증 프로젝트 디렉터라는 합당한 경험과 '자격'을 가진 사업관리 전문가로 하여금 리더의 자리를 맡도록 한 것이다. 혁신적인 조달을 위해서는 진보된 운영자가 필요가 필요하기 때문이다.

7 '장기적 단골'과 경쟁 전략을 구사했다.

일류기업군(群)을 사전에 정선(精選)하여 이들에게 '장기적 단골'이라는 '특혜 지위'를 부여했다. 학습효과를 통해 프로젝트 효율성과 생산성을 향상시키고자 하는 것이었다. 그 대신 지속적인 성과 향상을 요구하였다. 11개 주공급연쇄파트너(PSCP)와 하부 협력사는 이 '특혜'를 유지하기 위해 지속적인 개선과 고객만족을 위해 최선의 노력을 다할 수밖에 없었다. 일류 발주자와 일류 조달시스템이 제공하는 '채찍과 당근'이 건설산업계의 혁신 동력이 된 것이다.

8 좋은 설계가 좋은 의료시설을 가능하게 한다는 것을 인식했다.

그 복잡하다는 설계 품질조차도 측정하려고 노력하였고 이를 통해 지속적인 개선을 도모하였다.

9 다양한 성과측정 방식을 활용하였다.

측정되지 않는 것은 개선될 수 없다는 인식이 바탕이 된 것이다. 단순히 사업비나 사업기간 측면뿐만이 아니라 다양한 각도에서 총체적으로 의료시설사업의 성과를 측정하였다. '성적표'가 있어야 얼마나 더 열심히 노력하고 공부해야 하는지 자극을 받을 수 있는 것이다.

10 혁신을 위한 멘토(mentor)가 있었다.

혁신은 일단 낯설고 두려움과 저항의 대상이다. 누군가 혁신의 중심을 잡아주고 이를 지속적으로 실천할 수 있는 용기를 북돋아 주며 무엇을 어떻게 해야 하는지 지속적으로 가이드해주어야 한다. ProCure21 Team의 역할이었다.

11 혁신은 말로 하는 것이 아니라 머리가 따라야 한다.

다양한 교육·훈련을 통해 ProCure21과 조달 베스트프랙티스에 대한 이해를 증진시키고 NHS 발주자와 서비스 공급자들이 동일한 혁신의 '언어'를 사용할 수 있도록 하였다. 또한 다양한 절차서와 가이드 등의 발간을 통해 지적 내공도 배양시켰다.

ProCure21은 일류 발주자, 일류 조달시스템에 의한 투자가치 달성이라는 영국 정부의 조달혁신 목표를 의료시설사업에서 구현한 사례이다. ProCure21을 통해 일류 발주자들이 어떤 인식과 역량을 가져야 하고 일류 조달시스템이 어떤 모양새인지 맛 볼 수 있는 기회가 되었으면 하고 기대해 본다.

또한 공공사업의 투자가치 달성은 '우연' 이나 '공짜' 가 아니라는 것도 발견할 수 있었으면 하고 기대해 본다. 그냥 우연히 어떻게 하다 보니 어느 날 갑자기 공공사업의 효율성과 생산성이 향상되는 것이 아니다. 어느 날 갑자기 건설산업계가 개과천선(改過遷善)해서 양질의 서비스를 제공하고 일류 사업성과를 내는 것이 아니다. 우연이나 공짜가 아니라는 말이다. 발주자가 하는 만큼 건설산업계로부터로 받을 수 있을 것이다.

약졸(弱卒)이 어느 날 갑자기 강군(强軍)이 되는 것이 아니다. 그러나 리더만 잘 만나면 불가능한 일도 아니다. 리더의 인식과 역량을 갖춘 사람이 제대로 일하는 방향과 방법을 알려주고 혁신의 동기를 부여하며 제대로 일할 수 있는 환경을 만들어주면 가능하다. 일류 건설산업, 일류 공공사업을 위해 일류 발주자와 일류 조달시스템이 절대적으로 필요한 이유이다.

제 5 장

일류 발주자, 일류 조달 시스템을 향하여

01 개요

레이썸 보고서 이후의 영국 건설산업에서 일어났던 다양한 혁신 노력의 배경과 전개과정, 영국 정부의 조달혁신 정책, 정부상무청(OGC)과 ProCure21 그리고 고속도로공사(HA) 등을 대상으로 영국의 공공 조달혁신 사례를 조명하였다.

영국 정부가 추진한 조달혁신은 단순히 입낙찰 '제도' 만을 대상으로 한 것이 아니었다. 조달혁신의 범위는 공공 건설사업의 생애주기 전(全) 과정에 걸쳐 발주자의 사업시행과 관련된 프로세스, 업무방식(practice), 업무행태(behavior), 문화 등을 대상으로 하는 것이었다. 결국 공공사업 시행과 관련된 시스템과 문화를 총체적으로 혁신시키고자 한 것이 영국 정부가 추진한 공공 조달혁신의 핵심이다.

공공 조달혁신의 주요 테마는 일류 발주자와 일류 조달시스템이었다. 목표는 공공사업의 효율성과 생산성을 향상시키고 이를 통해 공공사업의 투자가치(VFM)를 달성하는 것이었다.

목표의 달성 과정은 발주자와 건설산업계가 혁신적으로 일할 수 있는 환경을 조성하는 것이었다. 특히 발주자의 눈높이와 수준을 향상시키고 투자가치의 달성을 가능하게 하는 조달시스템과 검증된 해법을 활용하는 것이 가장 중요한 '환경 조성 작업' 이었다.

어떤 혁신적인 환경을 조성하고자 주력하였는지 굵직굵직한 것만 한번 요약해 보자.

- 건설산업계가 보유하고 있는 역량을 최대한 발휘하여 사업초기단계에서부터 발주자가 팀(team)으로서 일할 수 있는 기회를 제공하였다.

• 최저가 보다는 최대가치에 초점을 맞추었고 단기적인 사업비 절감보다는 생애주기 비용의 절감을 우선시 하였다.
• 우수한 기업에게는 장기적 · 반복적으로 일할 수 있는 기회와 인센티브를 부여하는 '당근 전략' 과 지속적인 성과향상을 요구하는 '채찍 전략' 을 동시에 활용하였다.
• 공공사업의 성과측정을 통해 지속적인 개선을 위한 지식과 교훈의 기반으로 삼았다.
• 양질의 디자인을 위한 디자인 평가 시스템을 구축하고 활용하였다.
• 리스크 매니지먼트와 가치 매니지먼트를 공공사업 사업관리의 기본으로 하였다.
• 똑똑한 발주자가 되기 위해 발주자 베스트프랙티스를 정형화 · 질차화하고 이를 교육 · 훈련 시켰으며 검증된 발주자측 사업관리 책임자(project director)를 활용하였다.
• 발주자에게 요구되는 다양한 사업관리 관련 지식과 정보를 개발하고 성공사례 등을 발굴하여 웹기반으로 제공하는 등 지식관리(knowledge management)에 주력하였다.
• 다양한 협력의 장(예: 건설산업전략포럼)을 통해 산학연관의 혁신 파트너십을 구축하였다.

정부상무청(OGC)이나 ProCure21 사례를 통해 건설산업계의 혁신을 유도하면서 동시에 공공사업의 투자가치 달성이나 공공 건설예산을 절감하는 것이 가능하다는 것을 발견할 수 있었다. 그러나 '공짜' 도 아니었다는 것도 발견할 수 있었다. 많은 준비와 공을 들여야 가능한 것이었다.

영국의 공공사업에도 문제가 많았다. 비효율성과 비생산성 그리고 낭비의 문제를 안고 있었다. 건설산업계가 제공하는 서비스에 대해 건설고객들이 만족하지 못하고 있었다.

그러나 그들은 건설고객(정부 및 공공 발주자)이 주도하는 공공 조달혁신이라는 과정을 통해 건설산업계의 혁신을 유도하고 공공사업의 투자가치를 증대시키고 있다.

굳이 먼 나라의 이야기라고 눈을 돌리고 묻어 두는 것은 지혜롭지 못하다. 누구의 이야기든 성공사례는 용기와 희망 그리고 교훈을 주기 때문이다. 동시에 건설산업 혁신, 공공사업의 투자가치 향상, 공공 건설예산의 절감 등이 우리에게도 매우 중요한 현안이기 때문이다.

지금까지 살펴본 영국의 공공 조달혁신 사례는 우리에게 어떤 교훈과 시사점을 주고 있는가?

일류 발주자와 일류 조달시스템을 위한 십계명이라는 형태로 정리하고자 한다. 일류 발주자와 일류 조달시스템을 위해 어떤 원칙, 정신, 방향성, 실천사항 등이 요구되는지를 굵직한 10개 항목으로 추려서 제안하고 있다.

물론 이 십계명의 실천주체는 발주자이다. 이때 발주자라는 용어는 정부와 공공 발주자를 포괄적으로 의미한다는 것임을 다시 한 번 기억하자.

이 책에서 규범적이거나 세부적인 실행방안을 제안하고 있지는 않다. 이는 관련 정부 부처와 공공 발주자들이 지속적으로 공부하고 노력해야 할 몫으로 일단 남겨두고자 한다. 혁신을 위한 자극과 도전 그리고 어젠다를 제시하는 것이 이 책을 집필하게 된 동기이자 목적이기 때문이다.

02 일류 발주자와 일류 조달시스템을 위한 십계명

왜 일류 발주자와 일류 조달시스템이어야 하는가?

사실 이 책의 내용 전체가 왜 일류 발주자와 일류 조달시스템이 중요한지를 기술한 것이다. 그럼에도 불구하고 강조하는 의미에서 다시 한 번 정리해 보자.

- 첫째 공공사업의 투자가치 향상이나 예산절감을 통해 국민의 혈세(血稅)를 효율적 · 합목적적으로 사용할 수 있기 때문이다.
- 둘째 일류 발주자와 일류 조달시스템을 통한 발주자 혁신이 공공사업의 투자가치 향상이나 예산절감을 가능하게 하기 때문이다.
- 셋째 일류 발주자와 일류 조달시스템이 건설산업계의 혁신과 경쟁력 향상을 유발시키는 동력이 되기 때문이다.

이 정도 이유라면 왜 일류 발주자와 일류 조달시스템이 그토록 중요하고 가치가 있는 것인지 충분히 설명되지 않았는가?

이제는 무엇을 실천해야 하는 가에 대한 문제가 남았다.

「일류 발주자와 일류 조달시스템을 위한 십계명」을 제안하고자 하며 실천 주체는 당연히 정부와 공공 발주자이다.

이 일류 십계명이 구체적인 실천계획이나 실천사항을 제시하지는 않는다. 이는 향후 정부와 공공 발주자가 공부하고 고민해야 할 몫으로 일단 남겨두어야 할 것 같다. 정부와 공공 발주자가 공부하고 고민하는 것조차 일류를 향한 첫 발걸음이기 때문이다. 물론 산학연이 함께 이 공부와 고민에 참여하고 거들어야 할 것이다.

그 과정에서 일류 발주자와 일류 조달시스템을 향한 출발점과 목표점의 설정이 필요하다면 이 십계명이 유익한 도움이 될 것이라고 기대해 본다. 동시에 이 십계명을 이용해 현재 공공 조달제도를 평가해 보고 향후 혁신이 제대로 진행되고 있는지를 다면평가(多面評價)하는 것도 바람직한 활용 방법일 것 같다.

1 제 1 계명: 투자가치 달성의 패러다임으로 전환하라

현재 우리 공공조달의 기조는 무엇인가?

효율성 보다는 투명성과 공정성에 무게중심을 더 두고 있는 듯하다. 왜 투명성과 공정성이 공공조달의 기조가 되어왔는지는 굳이 구구절절이 설명하지 않아도 쉽게 추측할 수 있을 것 같다. 비리, 부패, 로비, 불건전한 상거래 질서 등이 키워드일 것이다.

조달은 구매자가 가장 효율적이고 합리적인 구매를 계획하고 시행하는 과정이다. 물론 구매 과정에서 '노이즈(noise)'가 발생하지 않도록 하는 것도 중요하다. 그러나 우선 기조와 차순위(次順位) 기조가 뒤바뀌게 되면 근본적인 조달 목표를 성공적으로 달성할 수가 없다. 서양 속담 중에 "마차가 말을 끌게 해서는 안 된다"라는 속담을 기억할 필요가 있다.

한 가지 더 주지해야 할 것이 있다. 조달 제도는 부패방지 제도가 아니라는 것이다. 한 국가의 조달 제도 수준은 해당 국가의 사회적 · 도덕적 수준과 밀접한 관계가 있기 때문에 조달 제도가 부패방지 요소를 반영하는 것이 그다지 어색한 것은 아니다.

그러나 부패방지에 집중하다보면 조달 제도 본연의 목적과 기능을 상실할 수밖에 없다. '말'과 '마차'가 뒤바뀌기 때문이다. 부패는 제도적 · 사회적 부패 방지시스템으로 통제해야지 이를 조달 제도로 통제하겠다는 것은 공공조달의 비효율성을 유발시키는 원인이 된다.

투명성과 공정성 보다는 투자가치 달성이 공공 조달의 우선순위가 되어야 한다.

한 가지 더 고민하고 넘어가야 할 것이 있다. 기본적으로 투자가치 달성은 효율성과 시장원리를 원칙으로 하는 것이다.

그러나 공공조달을 효율성을 중시하는 '순수한' 시장원리에만 기반을 두기에는 한계가 있다. 국가운영을 위해 요구되는 정책적 목표와 우선순위를 구현하기 위해서 때로는 시장원리를 초월하는 의사결정이 필요할 때가 있다. 또한 중소기업과 같은 사회적 약자에 대한 고려가 필요한 것도 사실이다.

그러나 국가 운영을 위한 정책적 목표와 우선순위도 대중적인 타당성을 인정받았을 때 비로소 정당성을 가질 수 있다. 공공사업의 투자가치 달성에 실패하여 전주(錢主)인 국민의 돈이 낭비된다면 대중적인 타당성을 확보할 수 있겠는가?

또한 조심스러운 얘기지만 중소기업과 같은 사회적 약자를 보호하는 방법도 재검토 해보아야 한다. 중소기업 정책에 대해서는 문외한이라 말을 아끼는 것이 도리인 것 같다.

다만 약자에 대한 보호는 시장 질서를 바로 잡아주는 것이지 시장을 나누어 주는 것은 아니며, 시장을 나누어 주는 것이 단기적으로는 보호하는 것처럼 보이지만 장기적으로는 경쟁내성(耐性)을 약화시켜 시장에서 도태시키는 것이라는 것을 인식할 필요는 있다.

국가 운영을 위한 정책적 목표와 우선순위, 중소기업과 같은 사회적 약자의 보호도 공공조달에서 고려해야 할 사항이지만 이 역시 우선 기조가 되어서는 안 된다.

공공조달의 기조는 투자가치 달성이라는 패러다임으로 전환되어야 한다. 현재 우리 정부가 공공 예산을 '낙천적' 으로 운영할 수 있을 만큼 넉넉한 상황도 아니고 공공사업의 효율성을 따지고 드는 사회적 감시망(social surveillance network)도 이제 만만치 않기 때문이다. 또한 투자가치를 달성하고자 하는 공공조달의 기조가 건설산업계의 혁신을 유발시키는 동인(動因)이 되기 때문이다.

2 제 2 계명: 혁신의 대상과 리더가 되어라

왜 발주자가 혁신의 대상인 동시에 리더가 되어야 하는가?

발주자는 힘이 있는 주체이기 때문이다. 혁신은 힘이 있는 주체가 주도해야 성공하는 것이다. 건설사업의 성패는 발주자가 쥐고 있으며 동시에 성공한 건설사업의 수혜자가 발주자이기 때문이다. 건설산업계의 눈높이는 건설고객의 눈높이에 맞추어지기 때문이다.

레이썸 보고서, 레빈 보고서, 이간 보고서, 정부상무청(OGC), ProCure21 등 영국의 공공조달 혁신 과정에서 지겨울 정도로 반복된 혁신의 키워드가 바로 발주자 혁신과 리더십이었다.

오랜 기간 공공사업의 비효율성과 비생산성을 체험하고 혁신의 단서를 찾고자 고민하고 혁신의 노력을 실천하고 있는 사람들이 그런 결론을 내렸을 때에는 다 그만한 이유가 있기 때문이다. 이론적인 추측이 아니라 오랜 기간 동안 이런 저런 방식으로 공공조달을 시행해본

후, 시행착오를 바탕으로 한 처절한 경험담이라는 것을 간과하지 말아야 한다.

발주자의 리더십이 무엇인가?

건설산업을 올바른 방향으로 앞에서 끌어주는 것이다. 투자가치 달성을 위한 조달 베스트프랙티스를 먼저 이해하고 체질화하는 것이다. 조달 베스트프랙티스가 절차화 · 시스템화된 조달 환경 속에서 역량 있는 기업이 제대로 일할 수 있는 기회와 적절한 보상을 제공하는 것이다. 동시에 수준 높은 것을 까다롭게 요구하여 건설산업계가 혁신적으로 변할 수밖에 없도록 자극을 제공하는 것이다.

건설산업계를 혁신적으로 일하게 만들어 공공사업의 효율성과 생산성을 향상시키고 투자가치를 달성하기 위해서는 발주자가 먼저 혁신되어야 한다는 것을 반드시 기억해야 한다. 혁신의 방향은 일류 발주자가 되는 것, 일류 조달시스템을 작동시키는 것이다.

혁신의 대상과 리더가 되는 일류 발주자는 어떤 모습일까? ProCure21 사례에서 이미 일류 발주자의 패러다임을 소개한 적이 있다. 다시 한 번 참조해 보기를 권하고 싶다.

3 제 3 계명: 혁신의 이유와 자극을 찾아라

혁신을 추진하려면 무엇인가 합당한 이유와 자극이 있어야 한다. 영국의 공공 조달혁신은 어떤 이유와 자극에서 출발하였는가?

레이썸 보고서에서 부각되었던 것은 건설고객과 건설산업계 모두 패자(敗者)가 되는 '게임' 을 하고 있다는 것이었다. 건설산업계가 더 효율적으로 작동될 수 있음에도 충분한 성과를 내지 못하고 있고 발주자와의 관계는 악화되고 있다고 진단하였다.

레빈 보고서는 건설산업계도 문제지만 정부와 공공 발주자가 더 문제라고 진단하였고 그 결과로 공공사업에서 돈이 새고 있다고 결론 내렸다. 영국 정부도 공공사업의 효율성과 생산성에 문제가 있다고 인정하였다.

혁신의 이유와 자극은 현 상황을 냉철하게 진단하고 문제점을 부각하면서 찾아진다. 현실문제에 대한 자각증상과 비판이 전제되지 않으면 혁신의 이유와 자극을 찾기가 쉽지 않기 때문이다.

그러나 반드시 유의해야 할 것이 있다. 혁신의 출발점은 문제의식과 비판이지만 그 진행과정과 목표는 반드시 미래지향적이고 보상적(rewarding)이어야 한다는 것이다. 공공 발주자와 건설산업계 모두를 위해 중요한 것이다.

혁신을 위한 문제의식과 비판이 '희생양'을 찾거나 '마녀사냥'을 위한 것이라면 혁신에 참여해야 할 주체들을 위축시킬 뿐이다. 혁신은 더 나은 미래의 보상을 위해 추진되어야 능동적인 혁신 우군(友軍)을 확보할 수 있다. '책임 소재 밝히고 비난 대상 찾기'로 끝나버리면 좌절감과 상처만 남을 뿐이다.

반드시 미래지향적이고 보상적인 혁신 비전과 결과를 제시하고 현실의 아픔을 들추어 보는 것은 그 과정에 불과하다는 메시지가 정확하게 전달되어야 한다. 그렇지 않다면 저항과 복지부동(伏地不動)만 야기할 뿐이다. 정부의 리더십이 절대적으로 필요한 부분이며 공공 발주자와 건설산업계와의 열린 커뮤니케이션이 절대적으로 중요한 이슈이다.

한 가지 더 유의해야 할 것이 있다. 현실의 문제를 진단하고 원인을 규명하는 과정에서 건설산업계로부터 기인(起因)된 문제는 2차 혁신 현안으로 다루어야 한다. 1차 혁신 현안은 정부와 공공 발주자로부터 기인(起因)된 문제이다.

어느 쪽이 더 중요한 혁신 현안인지에 대한 우선순위가 뒤바뀌면 '건설산업 혁신=건설산업계 혁신'이라는 기존 패러다임을 반복하게 되고 혁신의 실효성은 훨씬 떨어지고 만다.

'건설산업 혁신=건설고객 혁신'이라는 새로운 패러다임으로 전환하고 1차 혁신 현안은 정부와 공공 발주자로 부터 기인(起因)된 문제에 초점을 맞추어야 한다. '문제아'를 변화시키고 싶다면 '부모와 가정환경'에 어떤 문제가 있는지 짚고 넘어가야 하기 때문이다.

혁신의 이유와 자극을 찾기 위해서는 기 시행된 공공사업에 대한 성과평가가 필요하다. 기 시행된 공공사업의 성과에 대한 문제점을 비판하는 '조각 자료'들을 여기저기서 발견할 수 있다. 정부 기관, 언론, 시민단체(NGO), 학계 · 연구계에서 제시하는 자료들이 일부 있기는 하지만 특정 사례나 예시(例示) 정도에 불과하다.

공공사업의 성과에 대해 총체적으로 집계하거나 이를 분석한 자료는 전무(全無)한 것 같다. 몇 가지 이유가 있을 것이다. 공공사업의 성과를 다면적으로 평가하기 위한 표준화된 평가모델이나 절차가 부재하고 사후평가 제도가 있기는 하지만 활용 실적이 저조하다. 공공사업의 성과를 지속적으로 벤치마킹하고 관리하는 시스템도 취약하다. 근본적으로 어느 공공 발주자가 자발적으로 '아픈 곳'을 노출시키겠는가?

공공사업의 성과에 대한 지속적인 평가가 이루어지기 위해서는 기본적으로 공공사업 성과평가 시스템이 구축되고 지속적으로 의무 운영되어야 한다. 그러나 당장 가용(可用)하지 않기에 현실적으로 선택할 있는 방법은 실태조사를 실시하는 것이다.

전수(全數) 조사는 현실적으로 불가능하기 때문에 특정 기간(예: 최근 5년 이내 종료된 사업)의 특정 범위(예: 500억 원 이상)에 국한하여 발주기관별로 샘플(sample) 실태조사를 실시하는 것이 현실적인 접근인 것 같다.

또한 다면평가를 실시하는 것이 바람직하지만 우선 사업비와 사업기간 측면의 정량적인 성과만을 우선 분석해보자. 예측하건데 이 분석 결과만으로도 혁신의 이유와 자극이 찾아질 수 있을 것 같다.

4 제 4 계명: 혁신 어젠다와 전략을 수립하라

공공조달의 혁신은 어디에 주안점을 두고 추진되어야 하는가?

혁신 어젠다와 전략의 수립을 위해 두 가지 접근방식을 조합하는 형태를 제안한다. 첫째는 성과부실 사례로부터 출발하는 방법과 둘째는 혁신 사례를 참조하는 것이다.

첫 번째 접근방식은 용어가 다소 거칠기는 하지만 성과부실 사업에 대해 '정밀 부검(精密剖檢)' 을 실시하는 것이다. 기 시행된 공공사업의 성과평가 결과를 놓고 보면 분명히 눈에 띄는 사례가 있을 것이다. 아무래도 부실성과가 두드러지는 사업일 것 같다. 어떤 문제와 원인이 있었는지 정확하게 알아야 교훈으로 삼을 수도 있고 동일한 실패의 반복을 피할 수 있지 않겠는가?

성과가 부실한 사업은 물론 나름대로 다 이유가 있을 것이다. 비현실적인 타당성 평가가 문제였는지, 사업 목표와 범위가 불명확하거나 비현실적이었는지, 부실한 설계가 문제였는지, 사업자를 잘못 선정한 것이었는지, 리스크 분석이나 관리가 미흡했었는지, 등등의 원인을 발견할 수 있을 것이다.

이미 강조한 바와 같이 부검의 초점은 1차 원인을 찾는 것이다. 건설산업계가 얼마나 일을 잘 못했는지를 밝히는 것이 목적이 아니고 왜 이런 결과를 낼 수밖에 없었는지를 발주자와 조달시스템에서 찾는 것이다. 누가 잘못했는지를 찾는 것이 아니고 무엇이 잘못되었는지를 찾는 것도 중요한 관점이다.

영국 사례를 참조해보면, 건설산업계의 퍼포먼스가 불량한 이유는 발주자와 조달시스템에 기인한 것이 많다. 우리도 그다지 많이 다를 것 같지 않다. 실패한 건설사업에는 반드시 공통적인 '나쁜 습관' 이 있고 나쁜 습관의 환경 대부분은 발주자와 조달시스템이 제공하기 때문이다.

우선 성과부실 사업들로부터 공통적인 '나쁜 습관'을 찾아내고 이를 혁신 어젠다와 전략을 수립하기 위한 기초자료로 삼자.

두 번째 접근방식은 혁신사례를 참조하는 것이다. 이 책에서 분석한 영국의 공공조달 혁신사례가 좋은 참고자료가 될 것이다. 그들의 혁신 어젠다와 전략은 (1) 공공 발주자의 역량 향상 (2) 투자가치 달성에 초점을 맞춘 조달 절차와 실무 인프라 구축 (3) 건설산업계와 팀워킹(team working) (4) 공공사업의 성과측정 등으로 압축될 수 있다. 세부적인 사항은 이미 앞에서 논의한 내용을 참조하면 될 것 같다.

5 제 5 계명: 혁신의 멘토를 세우라

혁신은 강력한 추진력을 필요로 한다. 혁신의 과정에서 등장하는 새롭고 낯선 주제와 실천사항들을 가르쳐줄 '교육자'도 필요하다. 다양한 주체의 목소리와 주장에 귀 기울이되 혁신의 중심(中心)을 잡아줄 주체도 필요하다. 혁신 멘토(innovation mentor)의 역할이다.

혁신은 미지(未知)의 세계를 향한 항해이다. 누군가 미지의 세계를 향한 항로를 알려주고 나침반의 역할도 해주어야 한다. 때로는 예견하지 못한 변화의 폭풍우를 만날 수도 있고 저항의 암초를 만날 수도 있다. 누군가 용기를 북돋아주고 위기를 극복하는 지혜도 알려주어야 한다. 혁신 멘토의 역할이다.

영국 정부의 경우, 정부상무청(OGC)을 혁신의 멘토로 세웠다. 공공 조달혁신을 추진하는 과정에서 강력한 혁신 추진체가 필요하였기 때문이다.

ProCure21 Team의 역할도 동일하다. 의료시설사업의 조달혁신을 가이드하고 리드하는 주체이다.

그간 우리는 공공조달 제도의 개선을 논할 때면 관련 법과 제도의 내용이나 문구를 수정하고 개선하는 작업만을 반복해왔다. 공공 조달혁신이 관련 법과 제도를 마련하거나 정비하였다고 스스로 제 길을 찾아 힘차게 앞으로 진행될 것이라고 생각한다면 큰 오산(誤算)이다.

성공적인 공공조달 혁신을 위해서 우리에게도 혁신의 멘토가 필요하다. 혁신의 전략을 수립하고 실천사항을 제시하며 교육시키고 공공 발주자의 혁신을 독려하는 주체가 필요하다. 혁신의 성과를 측정하고 관리하며 '혁신호(革新號)'가 항로(航路)를 지키며 순항(順航)하고 있는지 동반 승선해서 지켜봐주어야 한다. 낯선 지점에 이르면 어디로 가야 하는지 알려주어야 하고 위기 상황을 만나면 이를 어떻게 극복하는지 알려주고 용기를 북돋아 주어야 한다.

관련 법과 제도는 있지만 멘토가 없는 혁신의 추진은 마치 미지(未知)의 세계로 선원들만을 내몰면서 지도 한 장 달랑 건네주는 것과 다르지 않다. 올바른 목적지에 성공적으로 도착하지 못할 것이다. 또한 오케스트라 단원들에게 지휘자 없이 악보만 달랑 던져주고 성공적인 연주를 기대하는 것과 다를 바 없다.

공공조달의 혁신 멘토를 세우는 정부의 선택과 지혜를 기대해 본다.

6 제 6 계명: 혁신의 파트너십을 구축하라

혁신은 변화에 관한 것이며 변화는 필연적으로 저항을 동반하게 된다. 내부적인 저항과 외부적인 저항을 예견해 볼 수 있다.

내부적인 저항은 공공 발주자의 부정적인 반응을 전제로 예측되는 부분이다. 혁신적으로 공공사업을 시행하라고 하는 것은 그만큼 더 많은 공부와 노력을 요구하는 것이다. 잘못된 인식과 관행이 있었다면 그 틀을 깨뜨리라는 요구이기도 하다.

이미 기존의 공공 조달시스템과 관행에 익숙한 공공 발주자들에게는 보다 정교하고 세련되게 일하라는 요구는 분명 고달픈 일이 될 것이다. 특히 감독자로서가 아니라 리더로서 또는 팀의 일원으로서 일해야 하는 환경 변화는 '문화 충격' 으로 다가 올 수도 있다.

그러나 반드시 부정적인 반응만을 상상할 필요는 없다. 혁신적으로 일하라고 하는 것은 발주자에게 책임지고 일을 제대로 할 수 있는 권한을 부여하는 것을 전제로 하기 때문이다. 투자가치 달성이라는 정교한 목표 달성을 위한 방법을 천편일률적인 제도로 규정하기가 쉽지 않을 것이다. 따라서 자율성과 운영의 묘(妙)가 요구된다. 물론 이에 합당한 역량과 투명성, 공정성을 전제로 하는 것이다.

일부 공공 발주자 중에는 정부가 지나치게 세세한 부분까지 규정하고 있기 때문에 발주자가 책임과 권한을 가지고 일을 할 수 있는 여지가 부족하고 결과적으로 혁신동기를 갖지 못한다고 문제를 제기하는 경우도 있다. 이런 발주자들에게는 혁신적으로 일하라고 요구하고 그에 상응하는 책임과 권한을 부여한다면 오히려 긍정적인 반응을 기대할 수 있다. 동시에 혁신적인 발주자에게는 혁신의 열매가 돌아가도록 해야 한다. '인센티브' 가 혁신의 자극이 되는 것은 건설산업계만이 아니기 때문이다.

외부적인 저항은 건설산업계의 부정적인 반응을 전제로 예측되는 부분이다. 혁신이라는 의미가 건설산업계 '괴롭히기' 로 인식될 가능성이 높기 때문이다. 우선 건설산업계가 혁신의 대상이 아니라 발주자가 혁신의 대상이라는 메시지가 충분히 전달될 필요가 있다.

건설산업계에게 변화를 먼저 요구하는 것이 아니라 발주자가 먼저 변화할 테니 그 변화에 맞추어 일을 해달라고 요구하는 것이다.

그럼에도 불구하고 발주자가 혁신적으로 변하여 눈높이가 높아지면 건설산업계가 고달프게 되는 것은 사실이다. 그러나 고객의 목소리이고 요구이기 때문에 외면할 수 없을 것이다.

보다 좋은 것을 요구하는 것은 고객의 권리이며 이를 위해 고객이 먼저 변화하겠으니 이를 존중하고 따라달라고 하는 요구가 부당한 것인가?

그간 실력과 경쟁보다는 운(運)과 나누어 먹기 환경에 익숙한 기업들의 저항이 있을 것으로 예상된다. 그러나 혁신적인 건설산업을 갈망(渴望)하는 기업, 실력으로 인정받고 싶어 하는 기업, 제대로 일하고 대우받고 싶어 하는 기업이 우리 건설산업에는 없다고 할 수 있겠는가?

이런 혁신적인 마인드를 지닌 기업들에게 기회와 열매가 주어져야 한다. 고객 지향적인 기업이 생존 · 발전하는 산업에 미래가 있기 때문이다.

내부적이든 외부적이든 혁신의 과정에서 동반되는 저항을 어떻게 극복할 것인가? 정부, 발주자, 건설산업계의 파트너십이다. 혁신의 이슈는 일방통행(one-way)이 아니기 때문이다. 궁합이 맞아야 하고 부창부수(夫唱婦隨)되어야 혁신이 본궤도에서 탈선되지 않는 것이다.

영국 건설산업 혁신과 공공 조달혁신의 과정에서 탄생한 건설산업위원회(CIB)나 건설산업전략포럼(SFC)이 좋은 예가 될 수 있다. 또한 건설재인식 운동이나 컨스트럭팅 엑셀런스 운동도 정부, 발주자, 건설산업계의 파트너십을 축으로 진행되고 있다. 혁신에는 동반자가 필요하기 때문이다.

공공조달의 혁신을 위해서 정부, 발주자, 건설산업계의 파트너십을 어떻게 구축해야 하는지 많은 고민과 노력이 필요하다. 다양한 이해 집단의 서로 다른 생각에서 공감대를 끌어내고 동시에 투자가치 달성이라는 혁신의 초점을 잃지 않는 것은 대단한 도전이다.

또한 혁신의 과정에서 제기되는 저항을 다독거리고 설득하는 것도 만만치 않은 과정이다. 정부의 리더십과 커뮤니케이션 역량이 절대적으로 요구된다.

7 제 7 계명: 조달 베스트프랙티스를 발굴하고 실무 인프라를 구축하라

공공사업의 투자가치 달성을 위해서는 조달 베스트프랙티스가 실천되어야 한다. 그런데 문제는 조달 베스트프랙티스라는 것이 정형화 · 절차화 되지 않으면 언어의 유희로 끝나고 만다는 것이다. 또한 실무 인프라가 뒷받침 되지 않으면 페이퍼 웍(paper work)으로 끝날 위험성도 있다.

영국의 공공조달 혁신과정에서도 조달 베스트프랙티스를 어떻게 정형화 · 절차화 시키고 이를 실무 인프라로 구축할 것인지에 대한 고민과 노력이 있었다. 그 대표적인 산물이 다양한 형태의 조달 가이드와 절차서, Gateway 프로세스, 조달 도구상자(SDK) 등이다.

각각의 내용들이 너무나 다양하고 방대해서 이 책에 다 담지 못하는 것이 아쉬움으로 남는다. 기회가 주어지면 한번 완역(完譯)에 도전해 볼까라는 무모한 상상도 해본다. 고되지만 무의미한 작업만은 아닐 것 같다.

우리에게 적합한 조달 베스트프랙티스를 백지상태에서 개발하는 것 보다는 이미 남들이 공들여 만들어 놓은 것을 참조하고 우리 체질에 맞게 빌려 쓰는 것도 현실적인 출발점이 될 것 같다. 물론 기본 관점은 발전적인 '따라 하기' 이어야 한다.

조달 베스트프랙티스의 관점에서 현재 우리 공공조달 제도를 한번 진단해 보는 작업도 흥미로울 것 같다. 조달 베스트프랙티스는 기본적으로 투자가치 달성을 위한 인식, 원칙, 실천사항, 프로세스, 성공원리 등에 초점이 맞추어져 있다. 따라서 이를 우리 공공조달 제도와 비교 · 평가하는 것은 혁신 포인트를 찾기에 좋은 접근방법이 될 것 같다.

현재 우리 공공 발주사들은 성공적인 공공조달을 어떻게 이해하고 있는가? 투자가치 달성을 위한 공공조달을 시행하고 싶다면 관련 정보와 지식을 어디에서 배우고 가져와야 하는가? 조달 및 계약 관련 법령에서는 아닌 것 같다. 그 속에는 무엇을 어떻게 해야 하는지는 제시하고 있지만 무엇을 어떻게 하는 것이 잘 하는 것인지는 제시해주고 있지 못하다. 물론 관련 법령이 이런 내용을 담는 그릇은 아니다. 그럼 어디를 참조해야 하는가? 참조할 만한 공공조달 베스트프랙티스 가이드나 절차서가 있는가? 공공조달을 제대로 시행하기 위한 실무 인프라는 갖추어져 있는가?

조달 베스트프랙티스가 무엇인지 모르고 무엇을 어떻게 실천해야 하는지 모른다면, 공공 발주자에게 어떻게 조달 베스트프랙티스를 실천하는 일류 발주자가 되라고 요구할 수 있겠는가?

조달 베스트프랙티스를 정형화 · 절차화 하는 것은 공공조달의 기본 골격을 만드는 작업이며 실무 인프라를 구축하는 것은 공공 발주자가 사용할 수 있는 '도구' 를 만들어 주는 것이다. 혁신적인 공공조달을 위해 필요한 '내공' 을 쌓기 위해 반드시 필요한 준비이다.

8 제 8 계명: 발주자를 스마트하게 만들어라

발주자는 아무나 될 수 있지만 일류 발주자는 아무나 될 수 없다. 일류 발주자는 만들어지는 것이다. 일류 발주자란 스마트(smart)한 발주자이다. 발주자의 리더십과 베스트프랙티스를 이해하고 이를 실천하는 것이 체질화 되어 있는 발주자가 스마트한 발주자이다.

공공 조달혁신을 효과적으로 추진하기 위해 혁신적인 조달의 원칙, 방법, 지식, 기술, 베스트프랙티스 등을 집중적으로 교육시키는 공공사업 리더 양성과정을 제안한다. '공공조달 혁신 아카데미'의 현판식을 꿈꾸어 본다.

우선적으로 교육받아야 할 커리큘럼을 잠시 생각해보면, 리더십, 커뮤니케이션 기술, 팀워킹 기술, 사업관리(project management) 기술, 건설사업 성공론과 실패론 등을 제안할 수 있다. 만일 공공조달 베스트프랙티스 가이드와 실무 인프라가 구축된다면 이를 교육시키는 것도 좋을 것 같다.

공공 발주기관의 건설사업 시행 관련 인원들은 반드시 혁신 교육 과정을 이수하도록 하는 것은 어떠할까? 일정 규모 이상의 사업에서는 역량과 경험을 '인증' 받은 사람만이 공공 발주기관의 사업관리 책임자나 참여자가 될 수 있도록 하는 아이디어는 너무 황당한 제안일까? 건설사업의 성패에 절대적인 영향을 미치는 발주자에게 자격을 요구하는 것이 부당한 일일까? 논쟁거리로 화두(話頭)를 던져두고자 한다.

발주자가 스마트해지는 방법이 내부 인원을 교육 · 훈련시키는 방법만 있는 것은 아니다. 이미 건설산업계에 있는 전문가들의 '손과 머리'를 빌리는 것도 방법이다. 컨설팅 엔지니어를 활용하거나 건설사업관리 전문가를 활용하는 방법이 있다.

사실 반복적으로 공공사업을 발주하는 기관이 아니라면 발주 업무나 사업관리 업무를 수행하는 인원이나 조직을 지속적으로 유지하며 교육 · 훈련시키는 것은 현실적으로 쉽지 않다. 이때 컨설팅 엔지니어를 활용하거나 건설사업관리 전문가를 활용하는 것은 발주자가 스마트해지는 좋은 대안이 될 수 있다.

우리 건설산업에 시공능력평가 제도라는 것이 있다. 현재 역량으로 감당할 수 있는 규모에 맞추어 사업을 수주하도록 하는 것이 기본 취지 중 하나이다.

조달능력평가 제도라는 생소한 아이디어는 어떠한가? 수요기관(발주기관)의 조달 및 사업관리 관련 담당 조직, 인원, 역량과 경험 등을 평가하는 것이다. 그래서 공공사업의 시행 경험과 역량이 부족하거나 이전에 시행 해보지 않은 복잡하거나 대형 사업을 시행해야 한다면 컨설팅 엔지니어나 건설사업관리 전문가의 도움을 받을 수 있도록 하는 제도적 장치를 만드는 것이다. 건설 수요와 예산이 있다는 이유만으로 경험과 역량이 부족한 발주자에게 공공사업의 시행을 홀로 맡도록 하는 것은 매우 위험한 모험이다.

발주자가 스마트해 질 수 있는 또 다른 대안은 통합 프로젝트 팀이라는 형태로 '발주자 조직' 을 구성하는 것이다. 갑과 을에 의한 업무 분담이 아니라 발주자와 건설서비스 제공자가 하나의 팀으로 구성되어 가장 자신 있게 할 수 있는 일을 서로 분담해서 사업을 시행하는 방식이다. 이에 대한 고민도 앞으로 함께 해보자고 제안한다.

발주자가 스마트 해지는 방법은 여러 가지가 있다. 구체적인 실천방안을 고민하고 실행해 보자. 혁신적인 조달은 수준 높은 운영자를 요구한다. 스마트한 발주자가 필요한 것이다. 똑똑한 발주자가 건설사업을 똑똑하게 시행 할 수 있기 때문이다.

9 제 9 계명: 투자가치 달성의 검증된 해법을 활용하라

혁신에는 도구가 필요하다. 투자가치 달성은 그냥 저절로 우연히 달성되는 것이 아니다. 적절한 도구가 사용되어야 한다. 아무 도구나 사용한다고 되는 것이 아니라 제대로 된 도구가 사용되어야 한다. 투자가치 달성을 위해서는 검증된 해법이 올바른 도구로 사용되어야 한다.

영국의 공공조달 혁신에서는 어떤 해법들이 사용되었는가? 대부분 사업관리(project management) 분야에서 주목받고 이미 많이 활용되고 있는 해법들이다. 브리핑(briefing), 리스크 매니지먼트, 가치 매니지먼트와 가치공학(VE), 디자인 매니지먼트, 변경관리(change management), 생애주기비용(LCC) 분석, 시공성 검토(constructability review), 통합성(integration) 향상, 파트너링, 팀워킹(team working), 벤치마킹 및 성과측정, 리더십, 참여주체 매니지먼트(stakeholder management), 프로젝트 조직(project organization) 등이 대표적인 예이다.

이들 해법의 쓰임새나 모양새는 다 다르지만 궁극적으로 투자가치 달성에 초점을 맞추고 있다. 정부상무청(OGC)의 Gateway 프로세스도 그 내용을 꼼꼼히 분석해 보면 결국 일련의 검증된 해법들을 활용하도록 절차화 시킨 것이다.

어느 것 하나 쉬워보이지도 않고 만만해 보이지도 않을 것이다. 혁신은 고급 해법을 요구하기 때문이다. 그래서 '공짜' 가 아니고 스마트한 사용자(발주자)가 필요한 것이다.

일류 발주자가 눈높이가 높은 것은 다른 이유 때문이 아니다. 고급 해법을 이해하고 구사할 수 있으며 이를 실천하도록 건설산업계에 요구하고 그 결과를 검증할 수 있기 때문이다.

발주자가 건설산업계에게 수준 높은 것을 까다롭게 요구해야 한다는 것은 부당하거나 얼토당토 하지 않은 요구를 하라는 의미가 아니다. 바로 혁신의 해법을 건설산업계가 실천하기를 요구하는 것이다.

당연히 발주자가 먼저 어떤 혁신의 해법이 있는지 알아야하고 무엇을 어떻게 요구해야 하는지 알아야 한다. 이들 혁신의 해법이 공공 조달시스템 속에 녹아 들어가 있어 공공사업을 수행한다는 것은 혁신의 해법을 실천해야한다는 의미로 건설산업계가 이해하도록 해야 한다.

혁신의 해법을 요구하는 일류 발주자를 무능하고 비혁신적인 기업이 감당할 수 있겠는가? 건설산업계의 경쟁력은 투자가치 달성의 해법을 고민하고 구사하면서 향상되는 것이다. 일류 발주자가 올바른 것을 까다롭게 요구하기 때문이다.

이제 우리 공공조달 제도에 혁신의 해법을 녹여 들이는 작업을 시작하자. 투자가치 달성의 검증된 해법이 공공조달의 표준(norm)이 되도록 하는 것이 목표이다.

⑩ 제 10 계명: 공공사업의 성과측정 시스템을 구축하고 활용하라

만일 대학에 중간고사나 기말고사가 없다면 대학생들이 지금만큼 열심히 공부를 할까? 장학금을 누구에게 주어야 할지도 막막할 것 같다.

성과측정(performance measurement)은 혁신 목표와 전략의 타당성과 실효성을 가늠하게 하며 성과의 수준을 판단함으로서 지속적인 개선을 위한 방향성을 설정하게 하는 매우 중요한 과정이다. 성과측정을 전제로 하지 않는 비전이나 전략의 구현은 현실성을 상실하기 쉽다.

개별 공공사업에서도 마찬가지이다. 어느 정도의 성과를 내고 있는지 측정되고 평가되지 않는다면 무엇이 얼마나 문제인지 어떻게 알 수 있겠는가? '성적표' 가 없다면 취약 과목이 무엇인지 알 수도 없고 열심히 공부해야 할 자극도 생기지 않을 것이다. 또한 공공사업에서 어떤 성적을 거두었는지 평가하는 것은 '학비' 를 낸 국민에 대한 도리가 아니겠는가?

영국의 공공조달 혁신과정에서 지속적으로 강조되었던 주제 중 하나가 바로 공공사업의 성과측정이다. 건설재인식 운동이나 컨스트럭팅 엑셀런스 운동에서도 성과측정은 매우 중요한 혁신 활동 중 하나이다.

성과측정의 중요성에도 불구하고 성과측정의 대상자에게는 '불편한 존재' 이다. 따라서 성과측정은 벌을 주기 위한 방편이 아니라 개선이나 인센티브를 위한 방편으로 활용되어야 효과적으로 운영되며 정직한 결과를 얻을 수 있다는 것을 반드시 주지하여야 한다. 사업성과가 우수한 공공 발주자에게 '장학금' 을 주자.

혁신의 실천성과를 검증하고 개선 분야를 발굴하기 위한 도구로서 공공사업의 성과측정 시스템을 구축하고 활용 할 것을 제안한다. 성과측정 결과를 지속적으로 모니터링하고 분석함으로서 지속적인 개선을 도모하는 노력도 필요하다.

공공사업의 성과측정 시스템을 구축하고 활용하는 것은 공공 조달혁신의 출발점이자 도착점이다. 이제 우리도 출발점을 만들어보자.

✲ 어떻게 시작할 것인가?

일류 발주자와 일류 조달시스템을 위한 십계명을 찬찬히 살펴보고 나면 앞으로 준비하고 실천해야 할 일들이 만만치 않다는 것을 발견할 수 있을 것 같다. 십계명을 동시 다발적으로 단기간에 실천하는 것이 현실적으로 쉬울 것 같아 보이지 않는다.

단순히 공공 조달 관련 법이나 제도만을 바꾸어서 될 일이 아니기 때문이다. 근본적으로 '공공 조달문화' 를 바꾸어야 하는 일이고 '공공 발주자 문화' 도 바꾸어야 하는 일이기 때문이다.

그래도 첫 발걸음은 있기 마련이다. 「공공조달 혁신 시범사업(가칭)」을 첫 발걸음으로 삼아보자.

그간 논란이나 문제가 되었던 일체의 현행 제도로부터 자유롭게 한번 시범사업을 시행해보자. 검증된 투자가치(VFM) 달성의 해법들과 베스트프랙티스를 한번 맘껏 적용해보자.

단 한건이라도 좋다. 처음에는 잘 작동되지 않을 것이다. 학습의 과정이 필요하고 시행착오의 과정이 필요하기 때문이다. 이것 저것 혁신의 장애요인들이 나타날 것이다. 혁신은 변화이고 변화는 두려움과 저항의 대상이기 때문이다. 또한 근본적으로 투자가치(VFM) 달성이 그리 쉬운 일이 아니기 때문이다. 그렇다할지라도 실패로부터 배우자.

긍정적인 성과들이 전무(全無)하지는 않을 것이다. 아주 작은 것이라도 긍정적인 성과를 소중한 '씨앗' 과 용기로 삼자.

단 한번만이라도 혁신적 · 실험적으로 공공 건설사업을 시행해보자. 공공 조달혁신이 공공사업의 투자가치(VFM)를 향상시키고 국가 예산의 절감을 가능하게하며 건설산업계를 바로 세울 수 있다면 이 정도의 모험은 감당할만한 가치가 있지 않겠는가?

03 에필로그

우리 건설산업의 혁신을 위한 출발점과 동력은 무엇인가?

이 질문이 이 책의 집필을 시작하게 한 고민이자 모티브였다. 피상적이고 사변적인 논의보다는 성공 사례를 들추어 보는 것이 가장 현실적인 메시지를 전달하는 방법이라고 생각했다.

영국 사례에 주목하게 되었다. 1990년대 중반 이후 지속된 공공 조달혁신이 서서히 열매를 맺기 시작하고 있다는 것을 발견하였기 때문이다. 영국의 공공 조달혁신은 완결 편은 아니다. 현재 진행형이다. 아직 진행 중에 있음에도 교훈으로 삼을 만한 성과들이 나타나기 시작한 것에 주목하였다.

영국의 공공조달 혁신이 어느 날 갑자기 시작되고 단숨에 열매를 맺은 것은 아니다. 1994년 레이썸 보고서가 혁신의 화두(話頭)를 던진 이후 다양한 갑론을박이 진행되고 준비를 위한 숙성과정과 실천과정이 필요하였다. 공공 조달혁신의 성과보다 지난 10여년 이상의 세월동안 혁신의 중심과 초점을 잃지 않은 지속성과 집중력이 더욱 주목할 만하다.

영국 정부가 공공 조달혁신을 추진한 이유는 두 가지였다. 첫째는 공공사업에서 투자가치 달성에 실패하여 국고가 낭비되고 있는 것을 바로 잡을 필요가 있었기 때문이고, 둘째는 공공서비스 부문의 개혁은 국민들과의 약속이었기 때문이다.

그들이 선택한 혁신의 출발점은 건설산업계가 아닌 발주자였다. 발주자와 조달시스템이 일류로 변해야 건설산업계를 일류로 변화시킬 수 있다고 믿었기 때문이다.

한 가지 흥미로운 것은 건설산업계의 혁신을 목표로 공공 조달혁신이 시작된 것은 아니다. 공공사업의 효율성과 생산성을 향상시키고 투자가치를 향상시키는 것이 본래 목적이었지 건설산업계의 경쟁력 제고를 위해 공공 조달혁신을 시작한 것은 아니다.

그러나 발주자가 스스로의 역량을 향상시키고 일하는 방식을 혁신적으로 변화시키다 보니 건설산업계가 그 장단에 맞출 수밖에 없었고 그 결과로 건설산업계가 혁신적으로 일해야 하는 동기가 유발된 것이다. 그래서 올바르게 일하고 올바른 방향으로 일하도록 하는 발주자의 리더십이 중요한 것이다.

혁신의 동력은 발주자의 리더십이었고 일류 발주자와 일류 조달시스템이 혁신 동력을 제공하는 엔진이었다.

우리도 이제 혁신의 출발을 발주자로부터 시작해보자. 그간 건설산업계를 대상으로 하는 혁신의 노력은 무던히도 경주하지 않았는가? 굳이 건설산업계에게 일하는 방식이나 문화를 이렇게 저렇게 바꾸라고 채근할 필요가 없다. 일을 제대로 안하면 매를 들겠다는 으름장을 놓을 필요도 없다.

발주자가 일을 제대로 하도록 요구하는 눈높이와 시스템만 갖추면 '눈치 빠른' 건설산업계는 거기에 따를 수밖에 없다. 고객의 눈치를 살피고 취향을 맞추어주는 것이 비즈니스의 기본 속성 아니겠는가?

공공 조달혁신에 관한 것이니 공공 발주자의 리더십 보다는 정부의 리더십에 먼저 기댈 수밖에 없다. 무엇을 실천해야 정부의 리더십을 발휘하는 것인가? 이 책에서 제안한 십계명을 하나하나 실행하는 것이 리더십을 발휘하는 출발점이 될 것 같다.

이 책에서 제안하고 있는 십계명을 감히 '정답'이라고 주장하지는 않는다. 그러나 혁신을 위한 실마리 정도는 되지 않겠는가?

이 책의 집필을 마무리하면서 두 가지 생각이 교차된다. 하나는 희망이다. 혁신의 출발점과 동력의 희미한 모양새나마 발견 할 수 있었고 혁신의 열매는 맺어질 수 있다는 확신을 성공사례를 통해 가질 수 있었기 때문이다.

걱정도 앞선다. 과연 험난한 혁신의 파도를 감당하고 넘을 수 있을 것인가? 혁신의 고급해법을 준비하고 소화해낼 수 있겠는가? 보다 근본적으로는 혁신의 절박성과 혁신의 출발점이 발주자라는 공감대를 일으킬 수 있겠는가? 이러한 걱정이 필자의 기우(杞憂)이기를 바라는 마음 간절하다.

이제 일류 발주자, 일류 조달시스템을 꿈꾸자. 리더십을 갖춘 발주자가 건설산업계를 올바른 방향으로 인도해 주기를 꿈꾸자. 이 꿈을 포기하지 않는 한 일류 건설산업을 향한 꿈도 포기하지 말자.

건설산업의 혁신은 정부와 발주자의 리더십으로 부터 시작된다. 일류 발주자가 일류 건설산업을 만들기 때문이다. 이것이 바로 발주자가 변하지 않고는 미래가 없는 이유다.

참고문헌

- Agile Construction Initiative Benchmarking the Government Client State Two Study, HM Treasury. 1999
- Construction Industry Board Towards a 30% productivity improvement in construction. 1996
- Department for Culture, Media and Sports, Better Public Buildings: a proud legacy for the future, 2000
- Department of Health and NHS Estates, Tomorrow's Hospital: NHS design review programme. 2004
- Department of Health, Sold on Health: Modernising procurement, operation and disposal of the NHS estate. 2000
- Egan, J. Rethinking Construction, Department of the Environment, Transport and the Regions. 1988
- GovNet Communications, Constructing a new vision, Health Director, November 2004
- Highways Agency Delivering best value solutions and services. 2001
- HM Treasury. Government Construction Procurement Guidance No 2: Value for Money in Construction Procurement. 1997

- Lancaster University University Diploma in Project Leadership. 2004
- Latham M. Constructing the team: Final report of the Government/Industry review of procurement and contractual arrangements in the UK construction industry, HMSO. 1994
- Levene, P. Construction procurement by Government: An Efficiency Unity Scrutiny, HMSO. 1995
- National Audit Office. Modernising Construction. 2001
- National Audit Office. Modernising Construction. 2001
- National Audit Office. Improving public services through better construction. 2005
- NHS Estates. Best Client Guide, NHS Estates. 2002
- NHS Estates, National Framework Guidance Note 01: Selection Process for NHS Trusts. 2003
- NHS Estates, Principal Supply Chain Partner Framework Agreement. 2003
- NHS Estates. Schedule of Duties for Project Director and Project Manager. 2004
- NHS Estates, Annual Report 2004-2005
- Office of Financial Management. A Strategy for Risk Management in Capital Construction, Washington State. 1998
- Office of Government Commerce. A manager' s checklist: Construction projects. 2003
- Office of Government Commerce. Building on Success-The Future Strategy for Achieving Excellence in Construction. 2003
- Office of Government Commerce. Construction projects pocketbook. 2003
- Office of Government Commerce. Procurement Guide 1, Initiative into action, 2003
- Office of Government Commerce. Procurement Guide 2, Project organisation: roles and responsibilities. 2003
- Office of Government Commerce. Procurement Guide 3, Project procurement cycle: the integrated process. 2003
- Office of Government Commerce. Procurement Guide 4, Risk and value management. 2003

• Office of Government Commerce. Procurement Guide 5, The integrated project team: teamworking and partnering. 2003
• Office of Government Commerce. Procurement Guide 6, Procurement and contract strategies. 2003
• Office of Government Commerce. Procurement Guide 7, Whole-life costing and cost management. 2003
• Office of Government Commerce. Procurement Guide 8, Improving performance: project evaluation and benchmarking. 2003
• Office of Government Commerce. A manager' s checklist. 2004
• Office of Government Commerce. Gateway to success. 2004
• Office of Government Commerce. How to become a Reviewer. 2004
• Office of Government Commerce. OGC Gateway Review 0: Strategic assessment. 2004
• Office of Government Commerce. OGC Gateway Review 1: Business justification. 2004
• Office of Government Commerce. OGC Gateway Review 2: Procurement strategy. 2004
• Office of Government Commerce. OGC Gateway Review 3: Investment decision. 2004
• Office of Government Commerce. OGC Gateway Review 4: Readiness for service. 2004
• Office of Government Commerce. OGC Gateway Review 5: Benefits evaluation. 2004
• Office of Government Commerce. Procurement Guide 10, Health and safety. 2004
• Office of Government Commerce. Procurement Guide 9, Design quality. 2004
• Office of Government Commerce. Running an effective review. 2004
• Office of Government Commerce. Procurement Guide 11, Sustainability. 2005
• Office of Government Commerce. Common Minimum Standards. 2006
• Office of Government Office, How major service contracts can go wrong.
• ProCure21, Schedule of Duties for Cost Advisor.

- ProCure21, Schedule of Duties for Project Director and Project Manager.
- Strategic Forum for Construction. Accelerating Change. 2002
- Strategic Forum for Construction, Annual Report 2004/2005. 2005
- Using P21 for capital projects, North Bristol NHS Trust, 2006.

- 이상호, 한미파슨스. 한국 건설산업 대해부, 보성각. 2003
- 홍사중. 리더와 보스, 사계절. 1997
- 한국건설기술연구원 외. 공공 건설사업 성과측정 및 지표개발, 건설교통부, 한국건설교통기술평가원. 2004

- www.cabe.org.uk.
- www.cic.org.uk.
- www.considerateconstructorsscheme.org.uk
- www.constructionline.co.uk
- www.cvf.or.kr
- http://design.dh.gov.uk
- www.dqi.org.uk
- www.govnet.co.uk/corporate/index.htm
- www.hefma.org.uk
- www.jrconsultant.co.uk.
- www.neccontract.com
- www.nhs-procure21.gov.uk
- www.ogc.gov.uk
- www.princes-foundation.org.
- www.pslcbi.com.
- www.uktradeinvest.gov.uk